I

POPULATION

D'APRÈS LES RECENSEMENTS DE 1896 ET 1901

Villes de plus de 5.000 habitants.

I. — RÉPARTITION GÉNÉRALE PAR GROUPES DE VILLES

Villes de plus de 30.000 habitants.

II. — RÉPARTITION PAR GROUPES D'AGES
III. — RÉPARTITION PAR VILLES

POPULATION

D'APRÈS LES RECENSEMENTS DE 1896 ET 1901

GROUPES		RECENSEMENT 1896	POPULATION CALCULÉE				RECENSEMENT 1901
DE VILLES	D'AGE	1896	1897	1898	1899	1900	1901

I. — RÉPARTITION GÉNÉRALE PAR GROUPES DE VILLES DE PLUS DE 5.000 HABITANTS

	GROUPES DE VILLES	1896	1897	1898	1899	1900	1901
I.	Paris	2.511.629	2.541.415	2.571.201	2.600.987	2.630.773	2.660.559
II.	Villes de 100.001 à 467.000 hab..	2.365.238	2.378.462	2.391.684	2.404.908	2.418.132	2.636.032
III.	Villes de 30.001 à 100.000 hab...	2.421.820	2.453.612	2.485.403	2.517.193	2.548.983	2.718.901
IV.	Villes de 20.001 à 30.000 hab ...	1.369.349	1.386.185	1.403.023	1.419.859	1.436.696	1.297.058
V.	Villes de 10.001 à 20.000 hab ...	1.868.882	1.892.322	1.915.763	1.939.204	1.962.645	2.000.358
VI.	Villes de 5.001 à 10.000 hab	2.311.317	2.334.474	2.357.631	2.380.788	2.403.945	2.405.023
Totaux.	Villes de plus de 30.000 hab...	7.298.687	7.373.489	7.448.288	7.523.088	7.597.888	8.015.492
	Villes de 10.001 à 30.000 hab.	5.549.548	5.612.981	5.676.417	5.739.851	5.803.286	5.702.439
	Villes de 5.001 à 10.000 hab...						
	Ensemble	12.848.235	12.986.470	13.124.705	13.262.939	13.401.174	13.717.931

II. — RÉPARTITION PAR GROUPES D'AGES DANS LES VILLES DE PLUS DE 30.000 HABITANTS

		1896	1897	1898	1899	1900	1901
I. Paris	de 0 à 1 an	31.736	32.335	32.934	33.533	34.132	34.731
	de 1 à 19 ans	646.017	653.300	660.584	667.867	675.151	682.434
	de 20 à 39 ans	1.018.222	1.030.825	1.043.429	1.056.032	1.068.635	1.081.238
	de 40 à 59 ans	606.877	612.942	619.006	625.071	631.135	637.200
	de 60 ans et plus	205.863	206.982	208.100	209.219	210.337	211.456
II. Villes de 100.001 à 467.000 hab..	de 0 à 1 an	35.157	35.354	35.549	35.746	35.943	44.219
	de 1 à 19 ans	698.752	702.558	706.464	710.370	714.276	792.574
	de 20 à 39 ans	871.932	876.807	881.682	886.556	891.431	966.355
	de 40 à 59 ans	542.226	545.238	548.289	551.321	554.353	594.671
	de 60 ans et plus	213.764	214.959	216.154	217.349	218.544	238.213
III. Villes de 30.001 à 100.000 hab...	de 0 à 1 an	36.404	36.882	37.359	37.838	38.315	45.436
	de 1 à 19 ans	747.933	757.752	767.569	777.387	787.206	841.373
	de 20 à 39 ans	899.932	911.746	923.558	935.373	947.185	991.300
	de 40 à 59 ans	506.208	512.853	519.498	526.143	532.788	582.403
	de 60 ans et plus	230.206	233.228	236.250	239.272	242.294	258.329

	Années.	0 à 1 an.	1 à 19 ans.	20 à 39 ans.	40 à 59 ans.	60 ans et au-dessus.
Récapitulation par périodes...	1896	103.297	2.092.602	2.790.086	1.655.311	649.833
	1897	104.571	2.113.610	2.819.378	1.671.033	655.169
	1898	105.842	2.134.617	2.848.669	1.686.793	660.504
	1899	107.117	2.155.624	2.877.961	1.702.535	665.840
	1900	108.390	2.176.633	2.907.251	1.718.276	671.175
Moyennes annuelles		105.842	2.134.617	2.848.669	1.686.793	660.504

RÉPUBLIQUE FRANÇAISE

MINISTÈRE DE L'INTÉRIEUR

DIRECTION DE L'ASSISTANCE ET DE L'HYGIÈNE PUBLIQUES

(5ᵉ BUREAU)

STATISTIQUE SANITAIRE DES VILLES DE FRANCE

RÉCAPITULATIONS QUINQUENNALES

— II —

RELEVÉS DE LA PÉRIODE 1896-1900

et résultats comparatifs

DES TROIS PÉRIODES 1886-1890, 1891-1895, 1896-1900

NAISSANCES ET MORT-NÉS

DÉCÈS SUIVANT L'AGE ET LA CAUSE

par MM. Paul ROUX et Henri REYNIER

MELUN

IMPRIMERIE ADMINISTRATIVE

1908

STATISTIQUE SANITAIRE DES VILLES DE FRANCE

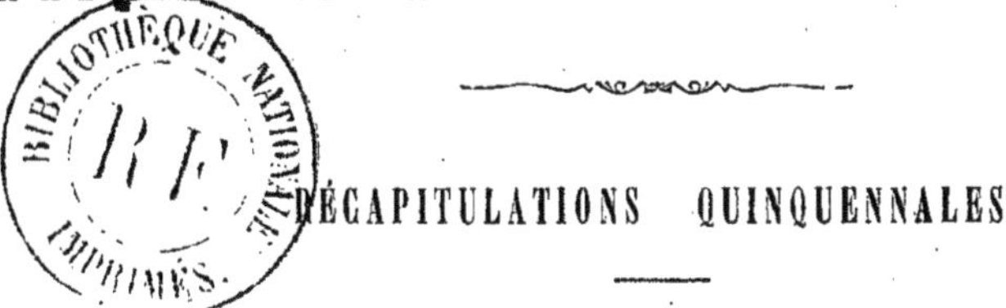

RÉCAPITULATIONS QUINQUENNALES

— II —

RELEVÉS DE LA PÉRIODE 1896-1900

et résultats comparatifs

DES TROIS PÉRIODES 1886-1890, 1891-1895, 1896-1900

NAISSANCES ET MORT-NÉS

DÉCÈS SUIVANT L'AGE ET LA CAUSE

par MM. Paul ROUX et Henri REYNIER

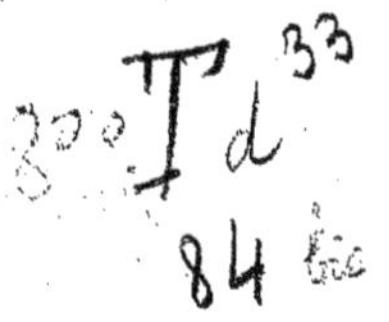

MELUN

IMPRIMERIE ADMINISTRATIVE

1908

RELEVÉS NUMÉRIQUES DE STATISTIQUE SANITAIRE

SOMMAIRE

OBSERVATIONS GÉNÉRALES

Les tableaux relatifs aux deux premières périodes quinquennales **(1886-1890** et **1891-1895)** ont été publiés en **1900**, à l'occasion de l'Exposition universelle, dans une brochure qui contenait également les trois premières années **(1896** à **1898)** de la 3ᵉ période. Ces trois années sont reprises dans le présent travail et complétées pour former la période quinquennale d'après le même cadre que les précédentes. Les résultats généraux sont reproduits en conséquence et donnent la comparaison définitive des trois périodes.

La nomenclature des villes composant les divers groupes et les chiffres de population, recensés ou calculés, devant leur être attribués d'après les dénombrements quinquennaux figurent en tête des relevés annuels.

POPULATION D'APRÈS LES RECENSEMENTS DE 1896 ET 1901

III. — RÉPARTITION DANS LES VILLES DE PLUS DE 30.000 HABITANTS

NUMÉROS D'ORDRE	DÉPARTEMENTS par GROUPEMENT GÉOGRAPHIQUE. du nord au sud.	NOMS DES VILLES	RECENSEMENT de 1896.	MOYENNE ANNUELLE de la période 1896-1900.	RECENSEMENT de 1901.	MOYENNE ANNUELLE de la période précédente (1891-95).
1		Dunkerque	40.296	39.610	38.925	40.404
2		Tourcoing	73.393	76.318	79.243	69.318
3	Nord	Roubaix	124.447	124.406	124.365	119.918
4		Lille	215.550	213.123	210.696	207.937
5		Douai	31.911	32.780	33.649	31.090
6	Pas-de-Calais	Calais	56.281	58.012	59.743	56.615
7		Boulogne-sur-mer	46.432	48.190	49.949	45.808
8	Somme	Amiens	88.384	89.571	90.758	86.180
9	Aisne	Saint-Quentin	48.689	49.483	50.278	48.263
10	Seine-inférieure	Le Havre	118.478	124.337	130.196	117.390
11		Rouen	112.657	114.486	116.316	112.252
12	Calvados	Caen	45.385	45.089	44.794	45.990
13	Manche	Cherbourg	40.965	41.951	42.938	39.897
14	Ille-et-Vilaine	Rennes	69.015	71.845	74.676	68.841
15	Finistère	Brest	72.424	78.354	84.284	74.378
16	Morbihan	Lorient	41.321	42.980	44.640	41.900
17	Loire-inférieure	Saint-Nazaire	30.421	33.117	35.813	30.591
18		Nantes	123.850	128.420	132.990	123.213
19	Maine-et-Loire	Angers	76.074	79.236	82.398	74.672
20	Sarthe	Le Mans	59.814	61.543	63.272	59.080
21	Indre-et-Loire	Tours	63.538	64.116	64.695	62.498
22	Loiret	Orléans	66.225	66.768	67.311	65.431
23	Seine-et-Oise	Versailles	53.775	54.378	54.982	53.566
24		Boulogne-sur-Seine	37.088	40.752	44.416	34.649
25		Paris	2.511.629	2.586.094	2.660.559	2.468.167
26		Neuilly-sur-Seine	32.012	34.752	37.493	30.569
27	Seine	Levallois-Perret	46.542	52.307	58.073	43.042
28		Clichy	33.449	36.485	39.521	31.907
29		Saint-Ouen	30.504	32.970	35.436	28.177
30		Saint-Denis	54.115	57.461	60.808	52.333
31	Aube	Troyes	52.631	52.888	53.146	51.432
32	Marne	Reims	107.709	108.047	108.385	106.558
33	Meurthe-et-Moselle	Nancy	96.148	99.353	102.559	91.553
34	Doubs	Besançon	58.010	56.686	55.362	57.259
35	Côte-d'or	Dijon	67.150	69.238	71.326	65.903
36	Cher	Bourges	43.668	45.109	46.551	44.550
37	Vienne	Poitiers	38.581	39.233	39.886	37.943
38	Charente-inférieure	Rochefort	34.014	35.236	36.458	33.628
39	Gironde	Bordeaux	256.906	256.772	256.638	254.504
40	Dordogne	Périgueux	31.086	31.531	31.976	31.060
41	Charente	Angoulême	37.902	37.776	37.650	37.154
42	Haute-Vienne	Limoges	77.716	80.918	84.121	75.623
43	Puy-de-Dôme	Clermont-Ferrand	50.152	51.542	52.933	49.964
44	Allier	Montluçon	31.666	33.364	35.062	30.089
45	Saône-et-Loire	Le Creusot	31.757	31.170	30.584	30.048
46	Loire	Roanne	33.697	34.299	34.901	32.498
47		Saint-Étienne	135.784	141.171	146.559	134.512
48	Rhône	Lyon	466.767	462.933	459.099	448.909
49	Isère	Grenoble	63.805	66.210	68.615	62.251
50	Alpes-maritimes	Nice	106.734	105.921	105.109	101.506
51	Var	Toulon	95.201	98.659	102.118	86.775
52	Vaucluse	Avignon	44.588	45.742	46.896	43.469
53	Gard	Nîmes	74.310	77.457	80.605	73.013
54	Bouches du-Rhône	Marseille	447.344	469.252	491.161	427.131
55		Montpellier	73.659	74.804	75.950	71.746
56	Hérault	Cette	32.453	32.849	33.246	34.320
57		Béziers	47.821	50.065	52.310	46.285
58	Pyrénées-orientales	Perpignan	34.721	35.439	36.157	34.299
59	Haute-Garonne	Toulouse	149.012	149.426	149.841	148.616
60	Basses-Pyrénées	Pau	33.031	33.649	34.268	32.787

II

NAISSANCES ET MORT-NÉS

DE 1896 A 1900

et comparaison avec les deux périodes précédentes.

NOMBRES ABSOLUS ET PROPORTIONNELS

Villes de plus de 5.000 habitants.

I. — RÉPARTITION GÉNÉRALE ANNUELLE PAR GROUPES DE VILLES

Villes de plus de 30.000 habitants.

II. — RÉPARTITION PAR VILLES

III. — RÉSULTATS GÉNÉRAUX ET RÉCAPITULATIFS

NAISSANCES ET MORT-NÉS DE 1896 A 1900

I. — RÉPARTITION GÉNÉRALE PAR GROUPES DE VILLES DE PLUS DE 5.000 HABITANTS

GROUPEMENT des VILLES	1896		1897		1898		1899		1900	
	Nombre absolu.	Proportion.	Nombre absolu.	Proportion.	Nombre absolu.	Proportion.	Nombre absolu.	Proportion.	Nombre absolu.	Proportion.
NAISSANCES — PROPORTIONS POUR 1.000 HABITANTS										
I. Paris	55.796	22,21	55.818	21,96	55.719	21,67	54.884	21,10	55.923	21,26
II. Villes de 100.001 à 467.000 habitants	56.470	23,88	55.976	23,63	55.756	23,31	55.970	23,27	54.453	22,52
III. Villes de 30.001 à 100.000 habitants	54.893	22,66	55.109	22,46	55.181	22,20	54.945	21,83	54.726	21,47
IV. Villes de 20.001 à 30.000 habitants	29.888	21,82	29.091	21,42	29.750	21,21	29.839	21,01	29.340	20,43
V. Villes de 10.001 à 20.000 habitants	42.588	22,78	42.583	22,50	42.650	22,26	42.778	22,06	42.750	21,78
VI. Villes de 5.001 à 10.000 habitants	55.057	23,82	54.986	23,55	54.781	23,23	54.920	23,07	54.188	22,54
Totaux généraux { Villes de plus de 10.000 habitants	239.641	22,74	239.177	22,45	239.003	22,20	238.416	21,91	237.108	21,57
Villes de plus de 5.000 habitants	294.698	22,93	294.163	22,65	293.846	22,39	293.336	22,12	291.386	21,74
MORT-NÉS — PROPORTIONS POUR 1.000 HABITANTS										
I. Paris	5.486	2,18	5.320	2,09	5.378	2,09	5.214	2,00	5.207	1,98
II. Villes de 100.001 à 467.000 habitants	4.025	1,70	3.904	1,64	3.772	1,58	3.693	1,53	3.732	1,54
III. Villes de 30.001 à 100.000 habitants	3.555	1,47	3.501	1,43	3.203	1,29	3.379	1,34	3.280	1,29
IV. Villes de 20.001 à 30.000 habitants	1.787	1,30	1.731	1,25	1.706	1,21	1.638	1,15	1.691	1,18
V. Villes de 10.001 à 20.000 habitants	2.417	1,29	2.535	1,34	2.358	1,23	2.320	1,20	2.323	1,18
VI. Villes de 5.001 à 10.000 habitants	2.885	1,25	2.721	1,16	2.772	1,17	2.620	1,10	2.009	1,11
Totaux généraux { Villes de plus de 10.000 habitants	17.270	1,64	17.000	1,59	16.417	1,52	16.253	1,49	16.233	1,47
Villes de plus de 5.000 habitants	20.155	1,57	19.721	1,52	19.180	1,46	18.873	1,42	18.902	1,41

II. — RÉPARTITION DANS LES VILLES DE PLUS DE 30.000 HABITANTS

PROPORTIONS POUR 1.000 HABITANTS PAR COMPARAISON AVEC LES DEUX PÉRIODES PRÉCÉDENTES

NUMÉROS D'ORDRE	DÉPARTEMENTS par GROUPEMENT GÉOGRAPHIQUE du nord au sud.	NOMS DES VILLES	NOMBRES ABSOLUS							PROPORTION		
			1896	1897	1898	1899	1900	TOTAL	MOYENNE annuelle.	1887-90	1891-95	1896-1900
1		Dunkerque	1.328	1.235	1.210	1.226	1.174	6.173	1.235	34,2	32,2	31,2
2		Tourcoing	2.329	2.290	2.445	2.302	2.220	11.586	2.317	34,7	32,1	30,3
3	Nord	Roubaix	3.825	3.837	3.729	3.641	3.554	18.586	3.717	34,6	30,9	29,9
4		Lille	6.316	6.337	6.285	6.352	6.227	31.517	6.303	30,9	29,6	29,6
5		Douai	765	726	757	742	725	3.715	743	22,0	23,2	22,7
6	Pas-de-Calais	Calais	1.705	1.857	1.785	1.812	1.757	8.916	1.785	34,4	32,5	30,8
7		Boulogne-sur-mer	1.389	1.350	1.374	1.327	1.363	6.803	1.361	29,4	28,9	28,2
8	Somme	Amiens	1.957	1.926	1.978	1.875	1.967	9.703	1.941	23,2	22,5	21,7
9	Aisne	Saint-Quentin	1.109	1.135	1.138	1.144	1.147	5.673	1.135	25,7	24,2	22,9
10	Seine-inférieure	Le Havre	3.671	3.777	3.851	4.082	5.919	19.300	3.860	32,0	31,3	31,0
11		Rouen	3.033	2.967	2.890	2.811	2.771	14.472	2.894	26,5	25,7	25,3
12	Calvados	Caen	843	904	908	883	825	4.363	873	18,5	18,1	19,4
13	Manche	Cherbourg	913	859	939	948	905	4.564	913	22,2	21,5	21,8
14	Illé-et-Vilaine	Rennes	1.481	1.476	1.395	1.427	1.399	7.178	1.436	24,6	20,9	20,0
15	Finistère	Brest	1.980	1.951	1.989	2.056	2.040	10.016	2.003	26,9	27,0	25,6
16	Morbihan	Lorient	1.091	1.105	1.085	1.051	1.118	5.450	1.090	27,4	26,5	25,4
17	Loire-inférieure	Saint-Nazaire	818	845	843	839	954	4.299	860	29,3	27,9	26,0
18		Nantes	2.593	2.434	2.478	2.414	2.421	12.340	2.468	20,6	21,0	19,2
19	Maine-et-Loire	Angers	1.555	1.463	1.514	1.433	1.446	7.411	1.482	19,6	19,2	18,7
20	Sarthe	Le Mans	1.211	1.264	1.317	1.280	1.279	6.351	1.270	19,9	19,9	20,6
21	Indre-et-Loire	Tours	1.179	1.141	1.160	1.099	1.088	5.667	1.133	19,8	18,1	17,7
22	Loiret	Orléans	1.244	1.303	1.214	1.190	1.115	6.066	1.213	20,6	19,7	18,2
23	Seine-et-Oise	Versailles	994	1.002	906	970	952	4.824	965	18,8	18,5	17,7
24		Boulogne-sur-Seine	962	975	1.033	1.030	1.077	5.077	1.015	27,9	25,8	24,9
25		Paris	55.796	55.818	55.719	54.884	55.923	278.140	55.628	24,9	23,5	21,5
26		Neuilly-sur-Seine	551	576	542	560	600	2.829	566	18,3	18,0	16,3
27	Seine	Levallois-Perret	1.212	1.180	1.245	1.251	1.302	6.190	1.238	28,3	26,5	23,7
28		Clichy	1.062	1.043	1.039	1.022	1.120	5.286	1.057	32,6	31,8	29,0
29		Saint-Ouen	862	915	921	982	992	4.672	934	29,9	29,6	28,3
30		Saint-Denis	1.562	1.589	1.579	1.639	1.714	8.083	1.617	30,4	29,7	23,1
31	Aube	Troyes	1.288	1.264	1.240	1.174	1.144	6.110	1.222	26,7	25,8	23,1
32	Marne	Reims	2.742	2.748	2.667	2.610	2.529	13.206	2.659	28,9	26,9	24,6
33	Meurthe-et-Moselle	Nancy	2.231	2.209	2.374	2.338	2.256	11.408	2.282	23,5	22,6	23,0
34	Doubs	Besançon	1.057	1.071	1.061	1.065	964	5.218	1.044	19,2	18,7	18,4
35	Côte-d'or	Dijon	1.339	1.390	1.337	1.378	1.408	6.852	1.370	21,5	20,6	19,8
36	Cher	Bourges	657	721	719	822	768	3.687	737	19,3	15,8	16,3
37	Vienne	Poitiers	653	692	686	682	666	3.379	676	19,3	17,4	17,2
38	Charente-inférieure	Rochefort	697	727	684	685	737	3.530	706	24,3	21,3	20,0
39	Gironde	Bordeaux	5.257	5.369	5.159	5.237	4.825	25.847	5.169	21,9	20,9	20,1
40	Dordogne	Périgueux	568	642	575	633	582	3.030	600	24,3	21,5	19,0
41	Charente	Angoulême	720	716	679	696	614	3.425	685	19,7	18,4	18,1
42	Haute-Vienne	Limoges	1.739	1.787	1.788	1.707	1.641	8.662	1.732	22,5	23,1	21,4
43	Puy-de-Dôme	Clermont-Ferrand	788	794	755	804	790	3.931	786	16,0	15,4	15,2
44	Allier	Montluçon	708	685	680	686	738	3.497	699	19,3	21,9	20,9
45	Saône-et-Loire	Le Creusot	859	890	810	803	792	4.154	831	25,3	25,9	26,7
46		Roanne	821	855	749	773	766	3.964	793	26,0	23,8	23,1
47	Loire	Saint-Étienne	3.160	3.257	3.198	3.278	3.079	15.972	3.194	25,5	24,5	22,6
48	Rhône	Lyon	8.420	8.424	8.681	8.665	8.399	42.589	8.518	20,0	18,6	18,4
49	Isère	Grenoble	1.393	1.402	1.331	1.253	1.301	6.680	1.336	22,2	22,4	20,2
50	Alpes-maritimes	Nice	2.632	2.551	2.639	2.655	2.727	13.204	2.641	26,2	23,8	24,9
51	Var	Toulon	2.050	2.118	2.181	2.129	2.209	10.687	2.137	24,5	22,7	21,7
52	Vaucluse	Avignon	883	837	868	898	885	4.371	874	20,5	19,2	19,1
53	Gard	Nîmes	1.455	1.362	1.398	1.390	1.286	6.891	1.378	21,3	19,6	17,8
54	Bouches-du-Rhône	Marseille	12.011	11.549	11.507	11.633	11.380	58.080	11.616	28,3	26,9	24,7
55		Montpellier	1.555	1.558	1.612	1.610	1.582	7.917	1.583	22,3	21,0	21,2
56	Hérault	Cette	799	788	771	737	764	3.859	772	26,2	24,6	23,5
57		Béziers	1.055	1.061	1.100	1.152	1.063	5.431	1.083	21,6	23,9	21,7
58	Pyrénées-orientales	Perpignan	855	818	863	823	854	4.213	843	25,5	23,1	23,8
59	Haute-Garonne	Toulouse	2.816	2.726	2.672	2.592	2.622	13.428	2.686	18,7	18,4	18,0
60	Basses-Pyrénées	Pau	621	612	604	619	637	3.093	619	18,7	17,6	18,4

II. — RÉPARTITION DANS LES VILLES DE PLUS DE 30.000 HABITANTS

PROPORTIONS POUR 1.000 HABITANTS PAR COMPARAISON AVEC LES DEUX PÉRIODES PRÉCÉDENTES

NUMÉROS D'ORDRE	DÉPARTEMENTS par GROUPEMENT GÉOGRAPHIQUE du nord au sud.	NOMS DES VILLES	NOMBRES ABSOLUS							PROPORTION		
			1896	1897	1898	1899	1900	TOTAL	MOYENNE annuelle.	1887-90	1891-95	1896-1900
1		Dunkerque	71	71	59	62	49	312	62	1,9	1,9	1,6
2		Tourcoing	105	97	115	138	122	577	115	1,8	1,7	1,5
3	Nord	Roubaix	168	165	168	162	151	814	163	1,6	1,4	1,3
4		Lille	481	431	463	442	438	2.255	451	2,2	2,0	2,1
5		Douai	45	49	48	44	56	242	48	1,5	1,6	1,5
6	Pas-de-Calais	Calais	68	80	64	49	48	309	62	1,4	1,2	1,1
7		Boulogne-sur-mer	79	66	72	62	58	337	67	1,8	1,7	1,4
8	Somme	Amiens	114	114	104	132	112	576	115	1,6	1,4	1,3
9	Aisne	Saint-Quentin	89	91	70	95	83	428	86	1,9	2,0	1,7
10	Seine-inférieure	Le Havre	165	180	133	151	151	780	156	1,4	1,5	1,2
11		Rouen	190	183	191	195	206	965	193	1,5	1,6	1,7
12	Calvados	Caen	72	56	53	51	70	302	60	1,4	1,4	1,3
13	Manche	Cherbourg	51	75	66	59	64	315	63	1,8	1,2	1,5
14	Ille-et-Vilaine	Rennes	115	117	113	124	106	575	115	2,0	1,8	1,6
15	Finistère	Brest	99	122	87	99	108	515	103	0,7	1,1	1,3
16	Morbihan	Lorient	26	31	23	12	21	113	23	0,9	0,7	0,5
17	Loire-inférieure	Saint-Nazaire	59	41	52	63	70	285	57	1,7	1,8	1,7
18		Nantes	173	173	154	143	143	786	157	1,3	1,4	1,2
19	Maine-et-Loire	Angers	75	98	65	97	73	408	82	1,5	1,2	1,0
20	Sarthe	Le Mans	66	90	73	70	71	370	74	1,0	1,0	1,2
21	Indre-et-Loire	Tours	76	84	72	75	85	392	78	0,7	1,2	1,2
22	Loiret	Orléans	56	54	43	46	45	244	49	1,0	1,0	0,7
23	Seine-et-Oise	Versailles	49	57	53	43	54	256	51	1,2	1,1	0,9
24		Boulogne-sur-Seine	94	77	60	85	83	309	80	2,0	1,9	2,0
25		Paris	5.486	5.329	5.378	5.214	5.207	26.614	5.323	1,8	1,9	2,0
26		Neuilly-sur-Seine	44	39	26	36	35	180	36	1,2	1,3	1,0
27	Seine	Levallois-Perret	48	56	61	42	61	268	54	0,5	0,5	1,0
28		Clichy	56	62	50	77	52	297	59	2,3	2,1	1,6
29		Saint-Ouen	60	61	64	74	70	329	66	1,9	1,8	2,0
30		Saint-Denis	139	133	119	167	125	683	137	2,1	2,6	2,4
31	Aube	Troyes	132	104	91	76	94	497	99	2,1	2,1	1,9
32	Marne	Reims	192	179	142	158	160	831	166	2,0	1,7	1,5
33	Meurthe-et-Moselle	Nancy	123	128	112	121	103	587	117	1,4	1,3	1,2
34	Doubs	Besançon	116	95	97	102	121	531	106	1,8	2,2	1,9
35	Côte-d'or	Dijon	89	83	74	60	67	373	75	1,3	1,7	1,1
36	Cher	Bourges	40	34	35	33	45	187	37	0,7	0,8	0,8
37	Vienne	Poitiers	58	35	40	42	38	213	43	0,8	1,2	1,1
38	Charente-inférieure	Rochefort	40	41	48	39	57	225	45	1,5	1,2	1,3
39	Gironde	Bordeaux	340	312	327	329	281	1.589	318	1,5	1,5	1,2
40	Dordogne	Périgueux	62	64	46	41	42	255	51	1,7	1,8	1,6
41	Charente	Angoulême	65	50	42	57	37	251	50	1,6	1,6	1,3
42	Haute-Vienne	Limoges	132	126	122	122	90	592	118	1,2	1,3	1,4
43	Puy-de-Dôme	Clermont-Ferrand	63	53	77	74	47	314	63	1,5	1,3	1,2
44	Allier	Montluçon	23	39	29	25	24	140	28	1,1	0,7	0,8
45	Saône-et-Loire	Le Creusot	47	30	38	28	33	171	34	1,3	1,3	1,1
46	Loire	Roanne	18	24	15	10	34	101	20	1,4	0,9	0,6
47		Saint-Étienne	378	335	356	337	383	1.789	358	2,8	2,7	2,5
48	Rhône	Lyon	608	605	541	520	523	2.797	559	1,5	1,4	1,2
49	Isère	Grenoble	144	134	125	117	110	630	126	2,1	2,1	1,9
50	Alpes-maritimes	Nice	216	242	258	254	262	1.232	246	2,1	2,3	2,3
51	Var	Toulon	134	135	94	139	124	626	125	1,1	1,2	1,3
52	Vaucluse	Avignon	46	56	63	55	66	286	57	1,7	1,7	1,2
53	Gard	Nîmes	110	99	124	99	112	544	109	1,8	1,7	1,4
54	Bouches-du-Rhône	Marseille	950	971	906	860	891	4.578	916	2,1	2,0	1,9
55		Montpellier	143	126	114	121	107	611	122	1,5	1,8	1,6
56	Hérault	Cette	29	25	20	25	22	121	24	0,8	0,9	0,7
57		Béziers	106	116	105	96	105	528	106	1,9	2,1	2,1
58	Pyrénées-orientales	Perpignan	56	56	57	58	51	278	56	1,6	1,3	1,6
59	Haute-Garonne	Toulouse	164	128	133	142	143	710	142	1,2	1,2	0,9
60	Basses-Pyrénées	Pau	23	27	28	37	30	145	29	0,8	1,0	0,9

III. — RÉSULTATS GÉNÉRAUX ET RÉCAPITULATIFS PAR PÉRIODES

	PÉRIODE 1887-90 — 4 ans (sauf exceptions indiquées).			PÉRIODE 1891-95 — 5 ans.			PÉRIODE 1896-1900 — 5 ans.		
	NOMBRES ABSOLUS		Proportion pour 1.000 habitants	NOMBRES ABSOLUS		Proportion pour 1.000 habitants	NOMBRES ABSOLUS		Proportion pour 1.000 habitants
	Total	Moyenne annuelle.		Total	Moyenne annuelle.		Total	Moyenne annuelle.	
I — Répartition générale par périodes.									
Villes de plus de 30.000 hab.	630.407	159.852	24,62	828.991	165.798	23,52	831.625	166.325	22,33
Villes de 10.001 à 30.000 hab.	283.546	70.886	23,11	615.933	123.186	22,89	635.804	127.161	22,40
Villes de 5.001 à 10.000 hab.	*108.049	54.024	23,68						
(*) 2 ans.									
Totaux	1.031.002	284.762	24,05	1.444.924	288.984	23,24	1.467.429	293.486	22,36
Proportions extrêmes	24,72 en 1887		23,07 en 1890	23,74 en 1891		22,36 en 1895	22,93 en 1896		21,74 en 1900
II — Répartition par groupes de villes.									
I. Paris	233.397	58.349	24,90	289.691	57.938	23,56	278.140	55.628	21,63
II. Villes de 100.001 à 467.000 h.	209.854	52.463	25,30	265.423	53.084	24,24	278.631	55.726	23,30
III. Villes de 30.001 à 100.000 h.	196.156	49.039	23,64	273.877	54.775	23,81	274.854	54.971	22,12
IV. Villes de 20.001 à 30.000 h.	111.379	27.845	22,76	134.395	26.879	21,74	148.523	29.705	21,17
V. Villes de 10.001 à 20.000 h.	172.167	43.042	23,34	208.912	41.782	22,73	213.349	42.670	22,27
VI. Villes de 5.001 à 10.000 h.	*108.049	54.024	23,68	272.626	54.525	23,62	273.932	54.786	23,24
(*) 2 ans.									

III — Répartition par villes de plus de 30.000 habit. Moyennes annuelles et proportions pour 1.000 habit.

Moyenne générale annuelle... : de 16,0 à 34,7 | de 15,4 à 32,5 | de 15,2 à 31,2

Villes ayant présenté une moyenne supérieure à 28 o/oo :

PÉRIODE 1887-90		PÉRIODE 1891-95		PÉRIODE 1896-1900	
Dunkerque	34,2	Dunkerque	32,2	Dunkerque	31,2
Tourcoing	34,7	Tourcoing	32,1	Tourcoing	30,3
Roubaix	34,6	Roubaix	30,9	Roubaix	29,9
Lille	30,9	Lille	29,6	Lille	29,6
Calais	34,4	Calais	32,5	Calais	30,8
Boulogne-sur-mer.	29,4	Boulogne-sur-mer.	28,9	Boulogne-sur-mer.	28,2
Le Havre	32,0	Le Havre	31,3	Le Havre	31,0
Saint-Nazaire	29,3				
Levallois-Perret	28,3				
Clichy	32,6	Clichy	31,8	Clichy	29,0
Saint-Ouen	29,9	Saint-Ouen	29,6	Saint-Ouen	28,3
Saint-Denis	30,4	Saint-Denis	29,7	Saint-Denis	28,1
Reims	28,9				

Villes ayant présenté une moyenne inférieure à 21 o/oo :

PÉRIODE 1887-90		PÉRIODE 1891-95		PÉRIODE 1896-1900	
Caen	18,5	Caen	18,1	Caen	19,4
		Rennes	20,9	Rennes	20,0
Nantes	20,6			Nantes	19,2
Angers	19,6	Angers	19,2	Angers	18,7
Le Mans	19,9	Le Mans	19,9	Le Mans	20,6
Tours	19,8	Tours	18,1	Tours	17,7
Orléans	20,6	Orléans	19,7	Orléans	18,2
Versailles	18,8	Versailles	18,5	Versailles	17,7
Neuilly	18,3	Neuilly	18,0	Neuilly	16,3
Besançon	19,2	Besançon	18,7	Besançon	18,4
		Dijon	20,6	Dijon	19,8
Bourges	19,3	Bourges	15,8	Bourges	16,3
Poitiers	19,3	Poitiers	17,4	Poitiers	17,2
				Rochefort	20,0
		Bordeaux	20,9	Bordeaux	20,1
				Périgueux	19,0
Angoulême	19,7	Angoulême	18,4	Angoulême	18,1
Clermont-Ferrand.	16,0	Clermont-Ferrand.	15,4	Clermont-Ferrand.	15,2
Montluçon	19,3			Montluçon	20,9
Lyon	20,0	Lyon	18,6	Lyon	18,4
				Grenoble	20,2
Avignon	20,5	Avignon	19,2	Avignon	19,1
		Nîmes	19,6	Nîmes	17,8
Toulouse	18,7	Toulouse	18,4	Toulouse	18,0
Pau	18,7	Pau	17,6	Pau	18,4

III. RÉSULTATS GÉNÉRAUX ET RÉCAPITULATIFS PAR PÉRIODES

	PÉRIODE 1887-90 4 ans (sauf exceptions indiquées).			PÉRIODE 1891-95 5 ans.			PÉRIODE 1896-1900 5 ans.		
	NOMBRES ABSOLUS		Proportion pour 1.000 habitants	NOMBRES ABSOLUS		Proportion pour 1.000 habitants	NOMBRES ABSOLUS		Proportion pour 1.000 habitants
	Total.	Moyenne annuelle.		Total.	Moyenne annuelle.		Total.	Moyenne annuelle.	
I — Répartition générale par périodes.									
Villes de plus de 30.000 hab..	44.160	11.040	1,70	59.923	11.985	1,70	62.658	12.532	1,68
Villes de 10.001 à 30.000 hab..	15.874	3.968	1,29	34.077	6.815	1,27	34.182	6.836	1,20
Villes de 5.001 à 10.000 hab..	*5.427	2.713	1,19						
(*) 2 ans.									
Totaux........	65.461	17.721	1,50	94.000	18.800	1,51	96.840	19.368	1,47
Proportions extrêmes ...	1,60 en 1887 / 1,43 en 1890			1,57 en 1894 / 1,45 en 1893			1,57 en 1896 / 1,41 en 1900		
II — Répartition par groupes de villes.									
I. Paris	17.309	4.327	1,85	23.174	4.635	1,88	26.614	5.323	2,07
II. Villes de 100.001 à 467.000 h	14.782	3.695	1,78	18.826	3.765	1,72	19.126	3.825	1,60
III. Villes de 30.001 à 100.000 h.	12.069	3.017	1,45	17.923	3.585	1,49	16.918	3.384	1,36
IV. Villes de 20.001 à 30.000 h..	6.742	1.685	1,38	7.860	1.572	1,27	8.553	1.711	1,22
V. Villes de 10.001 à 20.000 h..	9.132	2.283	1,24	11.873	2.375	1,29	11.962	2.392	1,25
VI. Villes de 5.001 à 10.000 h...	*5.427	2.713	1,19	14.344	2.869	1,24	13.667	2.733	1,16
(*) 2 ans.									

III — Répartition par villes de plus de 30.000 hab. Moyennes annuelles et proportions pour 1.000 hab.

Moyenne générale annuelle....	de 0,5 à 2,8	de 0,5 à 2,7	de 0,5 à 2,5

Villes ayant présenté une moyenne supérieure à 1,9 o/oo.

PÉRIODE 1887-90	PÉRIODE 1891-95	PÉRIODE 1896-1900
Lille............ 2,2	Lille............ 2,0	Lille............ 2,1
Rennes........... 2,0	Saint-Quentin..... 2,0	
Boulogne-s-Seine.. 2,0		Boulogne-s-Seine.. 2,0
Clichy 2,3	Clichy 2,1	Paris............ 2,0
		Saint-Ouen........ 2,0
Saint-Denis 2,1	Saint-Denis 2,6	Saint-Denis 2,1
Troyes............ 2,1	Troyes............ 2,1	
Reims 2,0	Besançon 2,2	
Saint-Étienne..... 2,3	Saint-Étienne..... 2,7	Saint-Étienne..... 2,5
Grenoble.......... 2,1	Grenoble.......... 2,1	
Nice.............. 2,1	Nice.............. 2,3	Nice............. 2,3
Marseille.......... 2,1	Marseille.......... 2,0	
	Béziers 2,1	Béziers.......... 2,1

Villes ayant présenté une moyenne inférieure à 1,0 o/oo.

PÉRIODE 1887-90	PÉRIODE 1891-95	PÉRIODE 1896-1900
Brest............ 0,7		
Lorient........... 0,9	Lorient........... 0,7	Lorient........... 0,5
Tours............ 0,7		
		Orléans.......... 0,7
Levallois-Perret... 0,5	Levallois-Perret... 0,5	Versailles......... 0,9
Bourges 0,7	Bourges.......... 0,8	Bourges 0,8
Poitiers........... 0,8	Montluçon 0,7	Montluçon 0,8
	Roanne........... 0,9	Roanne........... 0,6
Cette............ 0,8	Cette............ 0,9	Cette............ 0,7
		Toulouse.......... 0,9
Pau 0,8		Pau 0,9

   NAISSANCES, MORT-NÉS, DÉCÈS DE 1886 A 1900

III. — TABLEAUX COMPARATIFS DES RÉSULTATS FOURNIS POUR LES VILLES DE PLUS DE 5.000 HABITANTS

ET POUR LA FRANCE ENTIÈRE

ANNÉES	POPULATION		NAISSANCES		MORT-NÉS		DÉCÈS	
	Recensée.	Calculée.	Nombre absolu.	Proportion pour 1.000 h.	Nombre absolu.	Proportion pour 1.000 h.	Nombre absolu.	Proportion pour 1.000 h.
I. — STATISTIQUE CONCERNANT L'ENSEMBLE DE LA FRANCE								
1886	37.930.759	»	912.838	24,0	43.623	1,1	860.222	22,6
1887	»	37.971.284	899.333	23,7	42.930	1,1	842.797	22,2
1888	»	38.011.809	882.630	23,2	42.070	1,1	837.867	22,0
1889	»	38.052.334	880.570	23,1	42.499	1,1	794.933	20,8
1890	»	38.092.859	838.059	22,0	40.535	1,0	876.505	23,0
1891	38.133.385	»	866.377	22,7	42.472	1,1	876.882	23,0
1892	»	38.160.510	855.847	22,4	41.925	1,1	875.888	22,9
1893	»	38.187.635	874.672	22,9	42.394	1,1	867.526	22,7
1894	»	38.214.760	855.388	22,3	42.046	1,1	815.620	21,3
1895	»	38.241.885	834.173	21,8	41.572	1,0	851.986	22,2
1896	38.269.011	» ·	865.586	22,6	42.054	1,1	771.884	20,1
1897	»	38.407.598	859.107	22,4	42.249	1,1	751.019	19,5
1898	»	38.546.185	843.933	21,9	39.805	1,0	810.073	21,0
1899		38.684.772	847.627	21,9	39.860	1,0	816.233	21,1
1900		38.823.350	827.297	21,3	39.246	1,0	853.285	22,0

**II. — COMPARAISON DES TROIS PÉRIODES 1886-90, 1891-95 ET 1896-1900
D'APRÈS LES MOYENNES ANNUELLES**

NOMBRES ABSOLUS ET PROPORTIONS POUR 1.000 HABITANTS

	POPULATION MOYENNE	NAISSANCES		MORT-NÉS		DÉCÈS	
	servant de base.	Moyenne.	Proportion.	Moyenne.	Proportion.	Moyenne.	Proportion.
1ʳᵉ PÉRIODE: 1886-1890							
Villes de plus de 30.000 hab.	6.446.803	159.852	24,6	11.040	1,7	159.926	24,8
Villes de 10.001 à 30.000 h.	3.048.067	70.886	23,1	3.968	1,2	75.261	24,7
Communes au-dessous de 10.000 habitants	28.516.219	651.950	22,8	27.323	0,9	607.278	21,3
FRANCE ENTIÈRE	38.011.809	882.688	23,2	42.331	1,1	842.465	22,1
2ᵉ PÉRIODE: 1891-1895							
Villes de plus de 30.000 hab.	7.050.377	165.798	23,5	11.985	1,7	164.266	23,3
Villes de 5.001 à 30.000 h.	5.382.193	123.186	22,9	6.815	1,2	128.071	23,8
Communes au-dessous de 5.000 habitants	25.755.065	568.307	22,0	23.323	0,9	565.243	21,9
FRANCE ENTIÈRE	38.187.635	857.291	22,4	42.082	1,1	857.580	22,4
3ᵉ PÉRIODE: 1896-1900							
Villes de plus de 30.000 hab.	7.469.691	166.325	22,3	12.532	1,7	458.904	21,3
Villes de 5.001 à 30.000 h.	5.676.417	127.161	22,4	6.836	1,2	124.636	21,9
Communes au-dessous de 5.000 habitants	25.400.077	555.224	21,8	21.275	0,8	516.959	20,3
FRANCE ENTIÈRE	38.546.185	848.710	22,0	40.643	1,0	800.499	20,8

III

DÉCÈS

DE 1896 A 1900

et comparaison avec les deux périodes précédentes.

NOMBRES ABSOLUS ET PROPORTIONNELS

Villes de plus de 5.000 habitants.

I. — RÉPARTITION GÉNÉRALE ANNUELLE PAR GROUPES DE VILLES

Villes de plus de 30.000 habitants.

II. — RÉPARTITION ANNUELLE PAR GROUPES DE VILLES ET PAR AGES

III. — RÉPARTITION MENSUELLE

IV. — RÉPARTITION PAR VILLES

V. — RÉSULTATS GÉNÉRAUX ET RÉCAPITULATIFS

TOTAL DES DÉCÈS 1896 À 1900

I. — RÉPARTITION GÉNÉRALE PAR GROUPES DE VILLES DE PLUS DE 5.000 HABITANTS

PROPORTIONS POUR 1.000 HABITANTS

GROUPES DE VILLES	1896 Nombre absolu	1896 Proportion	1897 Nombre absolu	1897 Proportion	1898 Nombre absolu	1898 Proportion	1899 Nombre absolu	1899 Proportion	1900 Nombre absolu	1900 Proportion
I. Paris	47.029	19,08	46.988	[illegible]	49.574	19,28	50.549	19,43	51.725	19,66
II. Villes de 100.001 à 467.000 habitants	52.070	22,40	52.065	[illegible]	53.735	22,47	56.403	23,49	57.314	23,70
III. Villes de 30.001 à 100.000 habitants	52.245	21,57	51.755	[illegible]	55.695	22,41	56.087	22,28	59.386	23,30
IV. Villes de 20.001 à 30.000 habitants	28.644	20,91	29.553	[illegible]	30.604	21,85	31.537	22,21	33.264	23,14
V. Villes de 10.001 à 20.000 habitants	41.117	22,00	41.119	[illegible]	43.615	22,77	44.801	23,10	46.669	23,78
VI. Villes de 5.001 à 10.000 habitants	47.760	20,66	47.166	[illegible]	50.874	21,58	51.997	21,84	54.417	22,64
Totaux généraux — Villes de plus de 10.000 habitants	222.914	21,15	231.480	[illegible]	233.284	21,66	239.469	22,00	248.338	22,58
Totaux généraux — Villes de plus de 5.000 habitants	270.674	21,06	278.646	[illegible]	284.150	21,07	291.466	21,98	302.755	22,59

II. — RÉPARTITION PAR GROUPES D'AGES DANS LES VILLES DE PLUS DE 30.000 HABITANTS

PROPORTIONS POUR 1.000 INDIVIDUS DE CHAQUE GROUPE

GROUPES DE VILLES	D'ÂGE	1896 Nombre absolu	1896 Proportion	1897 Nombre absolu	1897 Proportion	1898 Nombre absolu	1898 Proportion	1899 Nombre absolu	1899 Proportion	1900 Nombre absolu	1900 Proportion
I. Paris	de 0 à 1 an	6.327	199,3	6.500	[illegible]	7.000	215,3	6.563	195,7	6.849	194,8
	de 1 à 19 ans	8.677	10,3	6.384	[illegible]	6.993	10,6	6.971	10,4	6.730	10,0
	de 20 à 39 ans	9.457	9,2	8.811	[illegible]	9.249	8,9	9.767	9,2	10.291	9,6
	de 40 à 59 ans	11.823	19,4	11.813	[illegible]	11.078	19,3	12.383	19,8	12.995	20,6
	de 60 ans et au-dessus	13.045	66,0	13.480	[illegible]	14.204	68,5	14.866	71,0	15.060	71,6
II. Villes de 101.000 à 467.000 habitants	de 0 à 1 an	9.422	267,9	9.750	[illegible]	10.215	287,3	10.040	280,9	9.650	268,5
	de 1 à 19 ans	8.164	11,6	7.444	[illegible]	7.413	10,5	8.026	11,3	7.337	10,3
	de 20 à 39 ans	8.290	9,5	7.979	[illegible]	8.016	9,1	8.063	9,8	9.067	10,9
	de 40 à 59 ans	10.678	19,6	10.331	[illegible]	10.678	19,5	11.393	20,7	11.924	21,5
	de 60 et au-dessus	16.425	76,8	16.561	[illegible]	17.413	80,5	18.871	84,5	19.336	88,5
III. Villes de 30.001 à 100.000 habitants	de 0 à 1 an	8.390	230,4	8.073	[illegible]	9.051	266,3	8.877	234,6	9.277	242,1
	de 1 à 19 ans	7.496	10,0	6.984	[illegible]	7.400	9,7	7.517	9,7	7.623	9,7
	de 20 à 39 ans	8.873	9,8	8.368	[illegible]	8.706	9,4	9.235	9,9	9.473	10,0
	de 40 à 59 ans	10.110	19,9	9.837	[illegible]	10.354	19,9	10.783	20,5	11.710	22,0
	de 60 ans et au-dessus	17.370	75,4	17.503	[illegible]	19.194	81,3	19.035	82,1	21.297	87,9

RÉCAPITULATION PAR PÉRIODES (Nombres absolus.) ANNÉES	0 À 1 AN	1 À 19 ANS	20 À 39 ANS	40 À 59 ANS	60 ANS ET AU-DESSUS
1896	24.139	22.337	26.620	32.617	47.440
1897	25.223	20.812	25.158	31.981	47.634
1898	27.256	21.896	25.971	33.010	50.871
1899	25.480	22.514	27.085	34.560	52.802
1900	25.576	21.690	28.831	36.635	55.603
Totaux (5 ans.)	127.674	109.249	134.205	168.803	254.530

TOTAL DES DÉCÈS DE 1896 A 1900

III — RÉPARTITION MENSUELLE POUR L'ENSEMBLE DES VILLES DE PLUS DE 30.000 HABITANTS (Groupes I, II et III réunis)

PROPORTIONS POUR 100.000 HABITANTS

MOIS	1896		1897		1898		1899		1900	
	Nombre.	Proportion.	Nombre.	Proportion.	Nombre.	Proportion.	Nombre.	Proportion.	Nombre.	Proportion.
Janvier	13.884	190,23	14.450	195,97	15.925	213,81	13.279	176,51	16.914	222,61
Février	13.870	190,03	12.823	173,94	14.026	188,31	12.987	172,63	18.016	237,12
Mars	13.955	191,20	13.595	184,38	14.968	200,96	16.673	221,62	15.987	210,41
Avril	13.436	184,09	13.173	178,65	13.851	185,96	14.909	198,18	15.009	198,73
Mai	13.571	185,94	12.765	173,12	12.498	167,80	13.386	177,93	13.365	175,90
Juin	11.950	163,73	11.870	160,98	11.413	153,23	12.565	167,02	12.269	161,48
Juillet	13.706	187,79	12.901	174,96	11.943	160,34	13.071	173,74	15.435	199,20
Aout	12.279	168,23	12.492	169,42	15.216	204,29	14.419	191,66	13.118	172,65
Septembre	10.478	143,56	10.678	144,81	12.609	169,29	11.462	152,36	11.547	151,98
Octobre	11.040	151,26	10.873	147,46	12.081	162,20	12.048	160.15	12.324	162,20
Novembre	11.739	160,83	11.225	152,23	11.435	153,52	11.743	156,09	11.966	157,49
Décembre	13.245	181,47	13.963	189,87	13.039	175,06	16.589	220,51	12.685	166,95
Totaux	153.153	2.098,36	150.808	2.045,27	159.004	2.134,77	163.131	2.168,40	168.425	2.216,73

IV. — RÉPARTITION DES DÉCÈS DANS LES VILLES DE PLUS DE 30.000 HABITANTS

PROPORTIONS POUR 1.000 HABITANTS PAR COMPARAISON AVEC LES DEUX PÉRIODES PRÉCÉDENTES

NUMÉROS D'ORDRE	DÉPARTEMENTS par GROUPEMENT GÉOGRAPHIQUE du nord au sud.	NOMS DES VILLES	NOMBRES ABSOLUS						MOYENNE annuelle.	PROPORTION		
			1896	1897	1898	1899	1900	TOTAL		1886-90	1891-95	1896-1900
1	Nord	DUNKERQUE	821	825	920	784	855	4.205	841	25,8	25,8	21,2
2		TOURCOING	1.391	1.421	4.419	1.507	1.573	7.311	1.462	23,1	22,3	19,1
3		ROUBAIX	2.487	2.442	2.456	2.389	2.626	12.400	2.480	22,2	21,6	19,9
4		LILLE	4.853	4.886	5.145	5.224	4.984	25.092	5.018	25,5	25,1	23,5
5		DOUAI	538	561	650	581	635	2.965	593	19,8	19,3	18,1
6	Pas-de-Calais	CALAIS	1.149	1.041	1.369	1.261	1.372	6.192	1.238	23,5	21,7	21,3
7		BOULOGNE-SUR-MER	1.026	986	1.145	1.021	1.179	5.357	1.071	24,3	23,9	22,2
8	Somme	AMIENS	1.798	1.855	1.989	1.932	2.024	9.598	1.920	23,8	22,5	21,4
9	Aisne	SAINT-QUENTIN	984	1.018	1.092	1.048	1.106	5.248	1.050	22,7	20,9	21,2
10	Seine-Inférieure	LE HAVRE	3.230	3.052	3.434	3.704	3.955	17.375	3.475	30,6	30,5	27,9
11		ROUEN	3.262	3.199	3.221	3.408	3.344	16.434	3.287	32,7	32,8	28,7
12	Calvados	CAEN	1.152	1.092	1.121	1.343	1.484	6.192	1.238	28,2	27,2	27,4
13	Manche	CHERBOURG	1.001	863	922	1.117	1.136	5.039	1.008	26,3	26,5	24,0
14	Ille-et-Vilaine	RENNES	1.740	1.663	1.775	1 951	2.030	9.159	1.832	29,7	27,6	25,5
15	Finistère	BREST	1.898	2.025	2.062	2.174	2.047	10.206	2.041	31,4	30,8	26,0
16	Morbihan	LORIENT	965	933	981	1.133	1.113	5.125	1.025	28,3	25,4	23,8
17	Loire-Inférieure	SAINT-NAZAIRE	566	577	588	660	683	3.074	615	23,9	20,6	18,6
18		NANTES	2.882	2.710	2.606	2.718	3.126	14.042	2 808	23,9	26,0	21,9
19	Maine-et-Loire	ANGERS	1.733	1.767	1.855	1.902	1.992	9.249	1.850	26,8	26,7	23,3
20	Sarthe	LE MANS	1 510	1.553	1.649	1.666	1.832	8.210	1.642	26,5	26,8	26,7
21	Indre-et-Loire	TOURS	1.374	1.415	1 499	1.408	1.505	7.201	1.440	24,0	23,2	22,4
22	Loiret	ORLÉANS	1.370	1.363	1 428	1.442	1.416	7.019	1.404	23,6	22,9	21,0
23	Seine-et-Oise	VERSAILLES	1.111	1.140	1.146	1 304	1.340	6.041	1.208	24,5	23,2	22,2
24		BOULOGNE-SUR-SEINE	917	907	902	1.070	1.002	4.798	960	27,5	27,1	23,5
25		PARIS	47.929	46.988	49.574	50.549	51.725	246.765	49.353	22,9	21,1	19,1
26		NEUILLY-SUR-SEINE	558	610	638	622	682	3.110	622	22,0	20,5	17,9
27	Seine	LEVALLOIS-PERRET	1.000	994	1.178	1.226	1.244	5.642	1.128	27,0	26,3	21,6
28		CLICHY	770	771	800	901	886	4.128	826	27,4	25,4	22,6
29		SAINT-OUEN	674	721	897	776	986	4.054	811	26,8	25,6	24,6
30		SAINT-DENIS	1.122	1.146	1.177	1.248	1.349	6.042	1.208	30,0	24,4	21,0
31	Aube	TROYES	1.363	1.234	1.212	1.233	1.150	6.192	1.238	28,2	26,8	23,4
32	Marne	REIMS	2.351	2.554	2.764	2.330	2.443	12.442	2.488	27,2	25,5	23,0
33	Meurthe-et-Moselle	NANCY	2.015	2.018	2.240	2.221	2.247	10.741	2.148	23,0	23,4	21,6
34	Doubs	BESANÇON	1.165	1.198	1.185	1.251	1.299	6.098	1.220	24,8	23,1	21,5
35	Côte-d'or	DIJON	1.260	1.347	1 406	1.427	1.507	6.947	1.389	22,1	21,4	20,1
36	Cher	BOURGES	758	802	951	900	941	4.352	870	18,8	17,7	19,3
37	Vienne	POITIERS	683	743	817	750	759	3.752	750	22,4	21,0	19,1
38	Charente-inférieure	ROCHEFORT	646	607	699	701	685	3.338	668	24,2	21,7	18,9
39	Gironde	BORDEAUX	5.189	5.183	5.381	5.735	5.529	27.017	5.403	23,3	22,6	21,0
40	Dordogne	PÉRIGUEUX	640	550	649	628	692	3.159	632	24,4	23,1	20,0
41	Charente	ANGOULÊME	684	651	744	699	711	3.489	698	22,0	20,2	18,5
42	Haute-Vienne	LIMOGES	1.731	1.717	1.914	1.785	1.810	8.957	1.791	23,3	24,5	22,1
43	Puy-de-Dôme	CLERMONT-FERRAND	1.028	956	1 092	1.045	1.024	5.145	1.029	22,9	21,8	20,0
44	Allier	MONTLUÇON	529	458	551	589	620	2.747	549	17,1	17,6	16,4
45	Saône-et-Loire	LE CREUSOT	565	519	557	582	540	2.763	553	18,3	17,9	17,7
46	Loire	ROANNE	663	755	729	679	809	3.635	727	23,5	22,1	21,2
47		SAINT-ÉTIENNE	2.905	2.831	2.905	3.043	3.185	14.959	2.992	23,7	22,5	21,2
48	Rhône	LYON	8.676	8.762	9.403	9.544	9.999	46.384	9.277	22,1	20,7	20,0
49	Isère	GRENOBLE	1.210	1.293	1.288	1.167	1.448	6.406	1.281	23,8	21,1	19,3
50	Alpes-maritimes	NICE	2.003	2.077	2 375	2.181	2.311	10.947	2.189	25,7	20,8	20,7
51	Var	TOULON	2.259	2.045	2 224	2.305	2.570	11.403	2.281	26,8	24,4	23,1
52	Vaucluse	AVIGNON	1.085	948	1.139	1.094	1.253	5.519	1.104	28,0	25,9	24,2
53	Gard	NIMES	1.561	1.638	1.704	1.684	1.804	8.391	1.678	25,7	23,9	21,7
54	Bouches-du-Rhône	MARSEILLE	11.902	11.068	10 388	12.610	12.269	58.237	11.647	30,0	27,3	24,8
55		MONTPELLIER	1.732	1.887	1.857	1.834	2.134	9.444	1.889	29,4	26,5	25,2
56	Hérault	CETTE	931	680	800	739	932	4.082	816	27,5	23,5	24,8
57		BÉZIERS	1.059	1.153	1.285	1.218	1.349	6.064	1.213	26,9	25,7	24,2
58	Pyrénées-orientales	PERPIGNAN	800	685	735	804	886	3.910	782	27,1	24,0	22,1
59	Haute-Garonne	TOULOUSE	3.239	3.301	3 557	3.609	3.543	17.259	3.452	25,6	24,3	23,1
60	Basses-Pyrénées	PAU	710	624	715	675	745	3.469	694	22,4	21,6	20,6

V. — RÉSULTATS GÉNÉRAUX ET RÉCAPITULATIFS PAR PÉRIODES

	PÉRIODE 1886-90 — 5 ans (sauf exceptions indiquées)			PÉRIODE 1891-95 — 5 ans.			PÉRIODE 1896-1900 — 5 ans.		
	NOMBRES ABSOLUS		Proportion pour 1.000 habitants	NOMBRES ABSOLUS		Proportion pour 1.000 habitants	NOMBRES ABSOLUS		Proportion pour 1.000 habitants
	Total.	Moyenne annuelle.		Total.	Moyenne annuelle.		Total.	Moyenne annuelle.	
I. Répartition générale par périodes (1).									
Villes de plus de 30.000 hab..	799.631	159.926	24,80	821.330	164.266	23,30	794.521	158.904	21,33
Villes de 10.001 à 30.000 hab.	376.305	75.261	24,69	640.356	128.071	23,79	623.178	124.636	21,96
Villes de 5.001 à 10.000 hab.. (*) 2 ans.	*108.182	54.091	23,70						
Totaux........	1.284.118	289.278	24,56	1.461.686	292.337	23,51	1.417.699	283.540	21,60
Proportions extrêmes....	26,37 en 1886 / 23,03 en 1889			24,24 en 1891 / 22,09 en 1894			22,59 en 1900 / 20,69 en 1897		
II. Répartition par groupes de villes.									
I. Paris	267.825	53.565	23,02	260.647	52.129	21,19	246.765	49.353	19,19
II. Villes de 100.001 à 467.000 h	267.079	53.416	25,93	271.760	54.352	24,82	272.588	54.518	22,79
III. Villes de 30.001 à 100.000 h.	264.727	52.945	25,70	288.923	57.585	24,06	275.168	55.034	22,14
IV. Villes de 20.001 à 30.000 h.	148.939	29.788	24,50	146.031	29.206	23,63	153.642	30.728	21,90
V. Villes de 10.001 à 20.000 h.	227.366	45.473	24,82	225.610	45.122	24,55	217.322	43.464	22,69
VI. Villes de 5.001 à 10.000 h. (*) 2 ans.	*108.182	54.091	73,70	268.715	53.743	23,28	252.214	50.443	21,39
III. Répartition par groupes d'âges dans les villes de plus de 30.000 habit. (proport. p. 1.000 de ch. groupe)									
de 0 à 1 an	*112.818	28.204	317,26	137.685	27.537	278,16	127.674	25.535	241,25
de 1 à 19 ans	110.445	27.611	14,91	128.116	25.623	12,69	109.249	21.850	10,23
de 20 à 39 ans	105.356	26.339	10,59	135.595	27.119	10,05	134.265	26.853	9,42
de 40 à 59 ans	122.820	30.705	20,86	167.742	33.548	21,04	168.803	33.76.	20,01
de 60 et au-dessus (*) 1re période : 4 ans (1887-90).	181.894	45.473	78,03	252.192	50.438	80,20	254.530	50.906	77,07
IV. Répartition par saisons dans les villes de plus de 30.000 habit.									
Hiver (décemb., janv., fév.) (*) Moins décembre 1885.	*209.853	44.822	6,95	235.424	47.085	6,68	215.388	43.078	5,78
Printemps (mars, avril, mai)	215.804	43.161	6,69	220.847	44.169	6,26	211.231	42.246	5,67
Été (juin, juillet, août)	183.439	36.688	5,69	191.913	38.382	5,44	194.347	38.869	5,21
Automne (sept. oct. nov.)	174.954	34.991	5,43	176.341	35.268	5,00	173.248	34.650	4,65

V. Répartition par villes de plus de 30.000 habit. Moyennes annuelles et proportions pour 1.000 habit.

Moyenne générale annuelle.... : de 17,1 à 32,7 — de 17,6 à 32,8 — de 16,4 à 28,7

Villes ayant présenté une moyenne supérieure à 27,0 0/00 :

PÉRIODE 1886-90		PÉRIODE 1891-95		PÉRIODE 1896-1900	
Le Havre	30,6	Le Havre	30,5	Le Havre	27,9
Rouen	32,7	Rouen	32,8	Rouen	28,7
Caen	28,2	Caen	27,2	Caen	27,4
Rennes	29,7	Rennes	27,6		
Brest	31,4	Brest	30,8		
Lorient	28,3				
Boulogne-s-Seine	27,5	Boulogne-s-Seine	27,1		
Clichy	27,4				
Saint-Denis	30,0				
Troyes	28,2				
Reims	27,2				
Avignon	28,0				
Marseille	30,0	Marseille	27,3		
Montpellier	29,4				
Cette	27,5				
Perpignan	27,1				

Villes ayant présenté une moyenne inférieure à 19,5 0/00 :

PÉRIODE 1886-90		PÉRIODE 1891-95		PÉRIODE 1896-1900	
		Douai	19,3	Tourcoing	19,1
				Douai	18,1
				Saint-Nazaire	18,6
				Paris	19,1
				Neuilly-sur-Seine	17,9
Bourges	18,8	Bourges	17,7	Bourges	19,3
				Poitiers	19,1
				Rochefort	18,9
				Angoulême	18,5
Montluçon	17,1	Montluçon	17,6	Montluçon	16,4
Le Creusot	18,3	Le Creusot	17,9	Le Creusot	17,7
				Grenoble	19,3

(1) Voir page 16 la comparaison de la mortalité des villes avec celle de la France entière.

IV

DÉCÈS PAR FIÈVRE TYPHOÏDE

DE 1896 A 1900

et comparaison avec les deux périodes précédentes.

NOMBRES ABSOLUS ET PROPORTIONNELS

Villes de plus de 5.000 habitants.

I. — RÉPARTITION GÉNÉRALE ANNUELLE PAR GROUPES DE VILLES

Villes de plus de 30.000 habitants.

II. — RÉPARTITION ANNUELLE PAR GROUPES DE VILLES ET PAR AGES

III. — RÉPARTITION MENSUELLE

IV. — RÉPARTITION PAR VILLES

V. — RÉSULTATS GÉNÉRAUX ET RÉCAPITULATIFS

DÉCÈS PAR FIÈVRE TYPHOÏDE DE 1896 À 1900

GROUPES DE VILLES	1896		1897		1898		1899		1900	
	Nombre absolu	Proportion	Nombre absolu	Proportion	Nombre absolu	Proportion	Nombre absolu	Proportion	Nombre absolu	Proportion

I. — RÉPARTITION GÉNÉRALE PAR GROUPES DE VILLES DE PLUS DE 5.000 HABITANTS
PROPORTIONS POUR 10.000 HABITANTS

GROUPES DE VILLES	1896 N	1896 P	1897 N	1897 P	1898 N	1898 P	1899 N	1899 P	1900 N	1900 P
I. Paris	263	1,0	249	1,0	256	1,0	803	3,1	912	3,5
II. Villes de 101.000 à 467.000 habitants	584	2,5	937	3,9	812	3,4	847	3,5	982	4,1
III. Villes de 30.001 à 100.000 habitants	843	3,5	744	3,0	834	3,4	1.103	4,4	888	3,5
IV. Villes de 20.001 à 30.000 habitants	356	2,6	410	2,9	429	3,0	445	3,1	438	3,0
V. Villes de 10.001 à 20.000 habitants	410	2,2	417	2,2	518	2,7	639	3,3	445	2,3
VI. Villes de 5.001 à 10.000 habitants	512	2,2	425	1,8	534	2,3	664	2,8	545	2,3
Totaux généraux (Villes de plus de 10.000 habitants)	2.457	2,3	2.757	2,6	2.866	2,7	3.837	3,5	3.665	3,3
Totaux généraux (Villes de plus de 5.000 habitants)	2.969	2,3	3.182	2,4	3.400	2,6	4.501	3,4	4.210	3,1

II. — RÉPARTITION PAR GROUPES D'ÂGES DANS LES VILLES DE PLUS DE 30.000 HABITANTS
PROPORTIONS POUR 10.000 INDIVIDUS DE CHAQUE GROUPE

GROUPE DE VILLES	ÂGE	1896 N	1896 P	1897 N	1897 P	1898 N	1898 P	1899 N	1899 P	1900 N	1900 P
I. Paris	de 0 à 1 an	2	0,6	11	3,4	12	3,4	2	0,6	1	0,3
	de 1 à 19 ans	94	1,4	95	1,4	108	1,6	283	4,2	336	5,0
	de 20 à 39 ans	135	1,3	113	1,1	102	1,0	432	4,1	451	4,2
	de 40 à 59 ans	24	0,4	24	0,4	26	0,4	74	1,2	109	1,7
	de 60 ans et au-dessus	7	0,3	6	0,3	8	0,4	12	0,6	15	0,7
II. Villes de 101.000 à 467.000 habitants	de 0 à 1 an	4	1,1	7	2,0	8	2,3	–	–	9	2,5
	de 1 à 19 ans	241	3,0	443	6,3	204	4,2	208	4,2	351	4,9
	de 20 à 39 ans	291	3,3	397	4,5	409	4,6	426	4,8	478	5,4
	de 40 à 59 ans	64	1,2	78	1,4	81	1,5	97	1,7	115	2,1
	de 60 ans et au-dessus	14	0,6	12	0,5	20	0,9	26	1,2	29	1,3
III. Villes de 30.000 à 100.000 habitants	de 0 à 1 an	3	0,8	4	1,1	5	1,3	11	2,9	5	1,3
	de 1 à 19 ans	304	4,1	255	3,4	278	3,6	338	4,3	315	4,0
	de 20 à 39 ans	448	5,0	412	4,5	472	5,1	623	6,7	470	5,0
	de 40 à 59 ans	80	1,6	59	1,1	76	1,5	108	2,0	70	1,4
	de 60 ans et au-dessus	10	0,4	14	0,6	20	0,8	23	1,0	13	0,5

RÉCAPITULATION PAR PÉRIODES (Nombres absolus)	0 À 1 AN	1 À 19 ANS	20 À 39 ANS	40 À 59 ANS	60 ANS ET AU-DESSUS
1896	9	609	874	168	31
1897	22	792	922	161	32
1898	25	680	983	183	48
1899	13	919	1.481	279	61
1900	15	1.002	1.408	300	57
Totaux (5 ans.)	84	4.003	5.668	1.091	229

— **RÉPARTITION MENSUELLE POUR L'ENSEMBLE DES VILLES DE PLUS DE 30.000 HABITANTS** (Groupes I, II et III réunis).

PROPORTIONS POUR 100.000 HABITANTS.

MOIS	1896		1897		1898		1899		1900	
	Nombre.	Proportion.	Nombre.	Proportion.	Nombre.	Proportion.	Nombre.	Proportion.	Nombre.	Proportion.
Janvier	163	....	111	....	99	....	225	....	161	....
	...	2,23	...	1,51	..	1,33	...	2,99	...	2,12
Février	137	....	87	....	92	....	179	....	182	....
	...	1,88	..	1,18	..	1,24	...	2,38	...	2,39
Mars	139	....	122	....	100	....	164	....	220	....
	...	1,90	...	1,65	...	1,34	...	2,18	...	2,90
Avril	96	....	99	....	89	....	136	....	188	....
	..	1,32	..	1,34	..	1,19	..	1,81	...	2,47
Mai	134	....	264	....	102	....	147	....	169	....
	...	1,83	...	3,58	...	1,37	...	1,95	...	2,22
Juin	110	....	175	....	102	....	188	....	152	....
	...	1,51	...	2,37	...	1,37	...	2,50	...	2,00
Juillet	200	....	186	....	129	....	199	....	267	....
	...	2,74	...	2,52	...	1,73	...	2,64	...	3,51
Aout	195	....	223	....	183	....	330	....	357	....
	...	2,67	...	3,02	....	2,46	...	4,39	...	4,70
Septembre	140	....	211	....	223	....	377	....	356	....
	...	1,92	...	2,86	...	2,99	...	5,01	...	4,69
Octobre	148	....	206	....	306	....	341	....	313	....
	...	2,03	...	2,79	...	4,11	...	4,53	...	4,12
Novembre	131	....	136	....	245	....	274	....	247	....
	...	1,79	...	1,84	...	3,29	....	3,64	...	3,25
Décembre	98	....	110	....	249	....	193	....	170	....
	..	1,34	...	1,49	...	3,34	...	2,57	...	2,24
Totaux	1.691	....	1.930	....	1.919	....	2.753	....	2.782	....
	.....	23,16	.....	26,17	.....	25,76	.....	36,59	.....	36,61

IV. — RÉPARTITION DANS LES VILLES DE PLUS DE 30.000 HABITANTS

PROPORTIONS POUR 10.000 HABITANTS PAR COMPARAISON AVEC LES DEUX PÉRIODES PRÉCÉDENTES

NUMÉROS D'ORDRE	DÉPARTEMENTS par GROUPEMENT GÉOGRAPHIQUE du nord au sud.	NOMS DES VILLES	NOMBRES ABSOLUS							PROPORTION		
			1896	1897	1898	1899	1900	TOTAL	MOYENNE annuelle.	1886-90	1891-95	1896-1900
1	Nord	Dunkerque	10	3	11	8	19	51	10	2,8	3,9	2,5
2		Tourcoing	16	11	9	11	15	62	12	3,3	2,2	1,6
3		Roubaix	11	21	17	21	43	113	23	2,7	2,6	1,8
4		Lille	13	8	26	15	7	69	14	2,0	1,6	0,6
5		Douai	3	5	2	4	4	18	4	3,7	3,2	1,2
6	Pas-de-Calais	Calais	3	10	18	4	11	46	9	3,8	2,8	1,5
7		Boulogne-sur-mer	7	3	14	10	10	44	9	3,8	2,4	1,9
8	Somme	Amiens	16	25	24	40	37	142	28	3,9	3,2	3,1
9	Aisne	Saint-Quentin	6	13	10	2	7	38	8	2,5	1,6	1,6
10	Seine-inférieure	Le Havre	47	42	46	98	326	559	112	17,3	13,6	9,0
11		Rouen	38	33	31	29	51	182	36	7,5	9,0	3,1
12	Calvados	Caen*	14	5	22	17	13	71	14	»	2,6	3,1
13	Manche	Cherbourg*	39	50	64	73	36	262	52	»	7,3	12,4
14	Ille-et-Vilaine	Rennes	28	17	33	54	27	159	32	4,6	3,5	4,4
15	Finistère	Brest	18	16	34	57	52	177	35	8,1	8,6	4,5
16	Morbihan	Lorient	34	33	47	44	25	183	31	19,0	7,1	7,2
17	Loire-inférieure	Saint-Nazaire	3	3	5	4	9	24	5	4,3	2,3	1,5
18		Nantes	53	29	48	55	68	253	51	5,6	5,0	4,0
19	Maine-et-Loire	Angers*	»	»	»	2	4	»	»	»	»	»
20	Sarthe	Le Mans	12	45	18	11	8	94	19	4,1	3,0	3,1
21	Indre-et-Loire	Tours	26	16	16	31	10	99	20	7,0	3,5	3,1
22	Loiret	Orléans	20	24	25	33	13	115	23	2,7	2,9	3,4
23	Seine-et-Oise	Versailles	9	9	8	14	22	62	12	4,3	3,9	2,2
24		Boulogne-sur-Seine	5	6	7	14	9	41	8	5,2	4,0	2,0
25		Paris	262	249	256	803	912	2.482	496	4,1	2,2	1,9
26		Neuilly-sur-Seine	1	7	2	13	6	29	6	4,3	2,0	1,7
27	Seine	Levallois-Perret	5	3	9	15	15	47	9	5,9	3,9	1,7
28		Clichy	6	-	5	6	7	24	5	4,2	3,8	1,4
29		Saint-Ouen	3	5	6	1	2	17	3	5,6	4,2	0,9
30		Saint-Denis	11	11	15	23	18	78	16	4,5	4,4	2,8
31	Aube	Troyes	106	46	18	7	5	182	36	7,9	5,0	6,8
32	Marne	Reims	14	18	44	54	31	161	32	3,9	3,0	3,0
33	Meurthe-et-Moselle	Nancy	77	18	25	82	16	218	44	4,8	6,8	4,4
34	Doubs	Besançon	16	15	8	7	6	52	10	7,6	3,8	1,7
35	Côte-d'or	Dijon	13	3	16	20	14	66	13	3,0	2,6	1,9
36	Cher	Bourges	4	7	14	12	6	43	9	3,4	1,3	2,0
37	Vienne	Poitiers*	3	13	2	30	5	53	11	»	»	2,8
38	Charente-inférieure	Rochefort	6	7	8	11	11	43	9	6,5	2,1	2,5
39	Gironde	Bordeaux	42	49	41	76	42	250	50	5,8	3,0	1,9
40	Dordogne	Périgueux	3	2	6	6	4	21	4	4,0	2,2	1,3
41	Charente	Angoulême	25	13	12	24	9	83	17	15,0	2,1	4,5
42	Haute-Vienne	Limoges	12	5	22	30	20	89	18	4,2	2,5	2,2
43	Puy-de-Dôme	Clermont-Ferrand	13	14	12	12	12	63	13	5,4	4,0	2,5
44	Allier	Montluçon	1	1	4	3	11	20	4	3,2	2,3	1,2
45	Saône-et-Loire	Le Creusot	2	6	4	6	3	21	4	2,5	2,3	1,3
46	Loire	Roanne	2	3	7	5	2	19	4	1,0	2,8	1,2
47		Saint-Étienne	24	35	43	53	48	203	41	2,8	2,8	2,9
48	Rhône	Lyon	79	101	136	147	125	588	118	2,8	2,3	2,5
49	Isère	Grenoble	21	11	13	16	22	83	17	3,4	2,7	2,6
50	Alpes-maritimes	Nice	18	41	153	40	36	288	58	6,8	3,1	5,5
51	Var	Toulon	98	89	95	106	128	516	103	6,8	11,1	10,4
52	Vaucluse	Avignon	37	23	36	22	27	145	29	6,7	3,9	6,3
53	Gard	Nîmes	24	35	30	49	61	199	40	7,5	5,2	5,2
54	Bouches-du-Rhône	Marseille	185	510	184	204	169	1.252	250	9,6	5,9	5,3
55		Montpellier	41	52	54	41	52	240	48	9,5	4,2	6,4
56	Hérault	Cette	27	22	19	22	24	114	23	10,1	4,4	7,0
57		Béziers	7	14	24	53	46	144	29	10,0	3,9	5,8
58	Pyrénées-orientales	Perpignan	7	20	15	30	15	96	19	8,5	5,5	5,4
59	Haute-Garonne	Toulouse	60	50	43	55	36	244	49	7,9	3,2	3,3
60	Basses-Pyrénées	Pau	5	5	3	9	10	32	6	3,8	2,1	1,8

Renseignements incomplets pour tout ou partie des périodes

V. — RÉSULTATS GÉNÉRAUX ET RÉCAPITULATIFS PAR PÉRIODES

		PÉRIODE 1886-90 5 ans (sauf exceptions indiquées).			PÉRIODE 1891-95 5 ans.			PÉRIODE 1896-1900 5 ans.		
		NOMBRES ABSOLUS		Pro-portion pour 10.000 habitants	NOMBRES ABSOLUS		Pro-portion pour 10.000 habitants	NOMBRES ABSOLUS		Pro-portion pour 10.000 habitants
		Total.	Moyenne annuelle.		Total.	Moyenne annuelle.		Total.	Moyenne annuelle.	
I Répartition générale par périodes.	Villes de plus de 30.000 hab..	17.382	3.476	5,4	12.095	2.419	3,4	11.075	2.215	3,0
	Villes de 10.000 à 30.000 hab.	7.657	1.531	5,0	9.330	1.866	3,5	7.187	1.437	2,5
	Villes de 5.001 à 10.000 hab..	*1.608	804	3,5						
	(*) 2 ans.									
	TOTAUX........	26.647	5.811	4,9	21.425	4.285	3,4	18.262	3.652	2,8
	Proportions extrêmes ...	6,6 en 1887 ; 4,3 et 4,5 en 1889-90			4,2 en 1892 ; 2,7 en 1895			3,4 en 1899 ; 2,3 et 2,4 en 1896-97		
	Proportion par rapport au nombre des décès de toutes causes.	2,0 o/o ; 1 sur 49,8			1,5 o/o ; 1 sur 68,2			1,3 o/o ; 1 sur 77,6		
II Répartition par groupes de villes.	I. Paris..................	4.759	952	4,1	2.705	541	2,2	2.482	496	1,9
	II. Villes de 100.001 à 467.000 h.	6.214	1.243	6,0	4.686	937	4,3	4.162	832	3,5
	III. Villes de 30.001 à 100.000 h.	6.409	1.282	6,2	4.704	941	3,9	4.431	886	3,6
	IV. Villes de 20.001 à 30.000 h.	3.161	632	5,2	2.363	472	3,8	2.078	416	3,0
	V. Villes de 10.001 à 20.000 h.	4.496	899	4,9	3.178	636	3,4	2.429	486	2,5
	VI. Villes de 5.001 à 10.000 h.	*1.608	804	3,5	3.789	758	3,3	2.680	536	2,3
	(*) 2 ans.									
III Répartition par groupes d'âge dans les villes de plus de 30.000 hab. Prop. p. 10.000 de ch. groupe	de 0 à 1 an................	*115	29	3,3	68	13	1,3	84	17	1,6
	de 1 à 19 ans.............	5.335	1.334	7,2	4.412	882	4,4	4.003	800	3,7
	de 20 à 39 ans	6.590	1.650	6,6	5.972	1.194	4,4	5.668	1.134	4,0
	de 40 à 59 ans...........	1.441	360	2,4	1.336	267	1,7	1.091	218	1,3
	de 60 ans et au-dessus	426	106	1,8	307	61	0,9	229	46	0,7
	(*) 1re période : 4 ans (1887-1890).									
IV Répartition par saisons dans les villes de plus de 30.000 habit.	Hiver (décemb., janv., fév.)... (*) Moins décembre 1885.	*4.292	938	1,4	2.605	521	0,7	2.248	450	0,6
	Printemps (mars, avril, mai)...	3.568	713	1,1	2.554	511	0,7	2.169	434	0,6
	Été (juin, juillet, août)	4.158	831	1,3	3.253	650	0,9	2.996	599	0,8
	Automne (sept., oct., nov.)....	5.103	1.021	1,6	3.787	757	1,1	3.654	731	1,0
V Répartition par villes de plus de 30.000 habit. Moyennes annuelles et proportions pour 10.000 habit.	Moyenne générale annuelle...	de 1,0 à 19,0			de 1,3 à 13,6			de 0,6 à 12,4		
	Villes ayant présenté une moyenne supérieure à 8,0	Le Havre......... 17,3 ; Brest .... 8.1 ; Lorient........... 19.0 ; Angoulême....... 15.0 ; Marseille .... 9,6 ; Montpellier....... 9,5 ; Cette .... 10,1 ; Béziers........... 10,0 ; Perpignan 8,5			Le Havre .... 13.6 ; Rouen .... 9,0 ; Brest .... 8,6 ; Toulon........... 11,1			Le Havre......... 9,0 ; Cherbourg .... 12,4 ; Toulon 10,4		
	Villes ayant présenté une moyenne inférieure à 1,5.......	Roanne 1,0			Bourges.......... 1,3			Lille............. 0,6 ; Douai............ 1,2 ; Clichy .... 1,4 ; Saint Ouen...... 0,9 ; Périgueux........ 1,3 ; Montluçon........ 1,2 ; Le Creusot....... 1,3 ; Roanne 1,2		

V

DÉCÈS PAR DIPHTÉRIE

(CROUP, ANGINE COUENNEUSE)

DE 1896 A 1900

et comparaison avec les deux périodes précédentes.

NOMBRES ABSOLUS ET PROPORTIONNELS

Villes de plus de 5.000 habitants.

I. — RÉPARTITION GÉNÉRALE ANNUELLE PAR GROUPES DE VILLES

Villes de plus de 30.000 habitants.

II. — RÉPARTITION ANNUELLE PAR GROUPES DE VILLES ET PAR AGES
III. — RÉPARTITION MENSUELLE
IV. — RÉPARTITION PAR VILLES
V. — RÉSULTATS GÉNÉRAUX ET RÉCAPITULATIFS

DÉCÈS PAR DIPHTÉRIE DE 1896 À 1900

I. — RÉPARTITION GÉNÉRALE PAR GROUPES DE VILLES DE PLUS DE 5.000 HABITANTS

PROPORTIONS POUR 10.000 HABITANTS

GROUPES DE VILLES	1896		1897		1898		1899		1900	
	Nombre absolu.	Proportion.	Nombre absolu.	Proportion.	Nombre absolu.	Proportion.	Nombre absolu.	Proportion.	Nombre absolu.	Proportion.
I. Paris	444	1,8	208	1,2	259	1,0	339	1,3	294	1,1
II. Villes de 101.001 à 467.000 habitants	454	1,9	317	1,1	301	1,2	337	1,4	303	1,6
III. Villes de 30.001 à 100.000 habitants	441	1,8	282	1,1	338	1,3	390	1,5	389	1,5
IV. Villes de 20.001 à 30.000 habitants	205	1,5	174	1,7	159	1,1	174	1,2	144	1,0
V. Villes de 10.001 à 20.000 habitants	248	1,3	194	1,9	243	1,3	266	1,4	291	1,5
VI. Villes de 5.001 à 10.000 habitants	415	1,8	283	1,2	289	1,2	269	1,1	289	1,2
TOTAUX GÉNÉRAUX { Villes de plus de 10.000 habitants	1.792	1,7	1.205	1,2	1.299	1,2	1.506	1,4	1.511	1,4
TOTAUX GÉNÉRAUX { Villes de plus de 5.000 habitants	2.207	1,7	1.550	1,2	1.588	1,2	1.775	1,3	1.800	1,3

II. — RÉPARTITION PAR GROUPES D'AGES DANS LES VILLES DE PLUS DE 30.000 HABITANTS

PROPORTIONS POUR 10.000 INDIVIDUS DE CHAQUE GROUPE

GROUPES DE VILLES	D'AGE	1896		1897		1898		1899		1900	
		Nombre absolu.	Proportion.	Nombre absolu.	Proportion.	Nombre absolu.	Proportion.	Nombre absolu.	Proportion.	Nombre absolu.	Proportion.
I. Paris	de 0 à 1 an	44	13,9	36	11,1	26	7,9	22	6,6	21	6,1
	de 1 à 19 ans	373	5,8	252	3,9	221	3,3	290	4,5	259	3,8
	de 20 à 39 ans	12	0,1	5	0,0	0	0,0	12	0,1	9	0,1
	de 40 à 59 ans	8	0,1	3	0,0	2	0,0	4	0,1	4	0,1
	de 60 et au-dessus	7	0,3	2	0,1	4	0,2	2	0,1	1	0,0
II. Villes de 101.001 à 467.000 habitants	de 0 à 1 an	40	13,1	42	11,9	44	12,4	10	4,5	33	9,2
	de 1 à 19 ans	304	5,6	260	3,7	251	3,5	311	4,4	336	4,7
	de 20 à 39 ans	6	0,1	11	0,1	4	0,0	8	0,1	16	0,2
	de 40 à 59 ans	5	0,1	3	0,0	2	0,0	2	0,0	5	0,1
	de 60 ans et au-dessus	3	0,1	1	0,4	-	-	-	-	3	0,1
III. Villes de 30.001 à 100.000 habitants	de 0 à 1 an	46	12,6	29	7,8	25	6,7	46	12,2	36	9,4
	de 1 à 19 ans	351	4,7	242	3,7	294	3,8	308	4,0	325	4,1
	de 20 à 39 ans	27	0,3	9	0,1	15	0,2	22	0,2	15	0,1
	de 40 à 59 ans	14	0,3	1	0,0	4	0,1	11	0,2	7	0,1
	de 60 ans et au-dessus	3	0,1	1	0,6	3	0,1	3	0,1	6	0,2

RÉCAPITULATION PAR PÉRIODES. (Nombres absolus.)	ANNÉES	0 À 1 AN	1 À 19 ANS	20 À 39 ANS	40 À 59 ANS	60 ANS ET AU-DESSUS
	1896	136	1.118	45	27	13
	1897	107	754	25	7	4
	1898	95	763	25	8	7
	1899	84	918	42	17	5
	1900	90	920	40	16	10
TOTAUX	(5 ans.)	512	4.473	177	75	39

III. — RÉPARTITION MENSUELLE POUR L'ENSEMBLE DES VILLES DE PLUS DE 30.000 HABITANTS (Groupes I, II et III réunis)

PROPORTIONS POUR 100.000 HABITANTS

MOIS	1896		1897		1898		1899		1900	
	Nombre.	Proportion.	Nombre.	Proportion.	Nombre.	Proportion.	Nombre.	Proportion.	Nombre.	Proportion.
JANVIER	150	….	111	….	101	….	110	….	113	….
	…	2,05	…	1,51	…	1,36	…	1,46	…	1,49
FÉVRIER	162	….	99	….	110	….	121	….	97	….
	…	2,22	…	1,34	…	1,48	…	1,61	…	1,28
MARS	129	….	103	….	94	….	121	….	98	….
	…	1,77	…	1,40	…	1,26	…	1,61	…	1,29
AVRIL	143	….	107	….	90	….	99	….	95	….
	…	1,96	…	1,45	…	1,21	…	1,32	…	1,25
MAI	147	….	80	….	65	….	79	….	100	….
	…	2,01	…	1,08	…	0,87	…	1,05	…	1,32
JUIN	92	….	53	….	60	….	103	….	74	….
	…	1,26	…	0,72	…	0,81	…	1,37	…	0,97
JUILLET	96	….	52	….	61	….	77	….	84	….
	…	1,32	…	0,70	…	0,82	…	1,02	…	1,10
AOUT	85	….	41	….	49	….	65	….	42	….
	…	1,16	…	0,55	…	0,66	…	0,86	…	0,55
SEPTEMBRE	66	….	39	….	45	….	49	….	52	….
	…	0,90	…	0,53	…	0,60	…	0,65	…	0,68
OCTOBRE	69	….	56	….	61	….	60	….	62	….
	…	0,95	…	0,76	…	0,82	…	0,80	…	0,82
NOVEMBRE	84	….	58	….	63	….	78	….	102	….
	…	1,15	…	0,78	…	0,85	…	1,04	…	1,34
DÉCEMBRE	116	….	98	….	99	….	104	….	157	….
	…	1,59	…	1,33	…	1,33	…	1,38	…	2,07
TOTAUX	1.339	….	897	….	898	….	1.066	….	1.076	….
	…	18,34	…	12,16	…	12,06	…	14,17	…	14,16

IV. — RÉPARTITION DANS LES VILLES DE PLUS DE 30.000 HABITANTS

PROPORTIONS POUR 10.000 HABITANTS PAR COMPARAISON AVEC LES DEUX PÉRIODES PRÉCÉDENTES

NUMÉROS D'ORDRE	DÉPARTEMENTS par GROUPEMENT GÉOGRAPHIQUE du nord au sud.	NOMS DES VILLES	NOMBRES ABSOLUS							PROPORTION		
			1896	1897	1898	1899	1900	TOTAL	MOYENNE annuelle	1886-90	1891-95	1896-1900
1	Nord	Dunkerque	10	4	3	3	2	22	4	6,6	5,9	1,0
2		Tourcoing	11	9	8	6	7	41	8	6,5	7,5	1,0
3		Roubaix	24	23	15	9	18	89	18	4,4	6,7	1,4
4		Lille	31	27	37	29	18	142	28	4,6	4,7	1,3
5		Douai	1	1	2	-	4	8	2	4,0	2,2	0,6
6	Pas-de-Calais	Calais	27	8	9	10	10	64	13	4,7	2,6	2,2
7		Boulogne-sur-Mer	19	8	5	4	5	41	8	5,8	5,2	1,7
8	Somme	Amiens	31	16	3	3	2	55	11	5,7	4,2	1,2
9	Aisne	Saint-Quentin	12	8	12	7	8	47	9	2,5	2,3	1,8
10	Seine inférieure	Le Havre	25	21	10	14	9	79	16	5,1	3,9	1,3
11		Rouen	49	26	18	17	18	128	26	5,1	8,5	2,3
12	Calvados	Caen	3	1	4	3	4	15	3	»	3,9	0,7
13	Manche	Cherbourg	10	4	2	9	12	37	7	»	5,8	1,7
14	Ille-et-Villaine	Rennes	16	11	13	25	20	85	17	4,3	5,1	2,4
15	Finistère	Brest	27	28	14	20	7	96	19	5,3	6,7	2,4
16	Morbihan	Lorient	8	3	2	6	8	27	5	8,0	3,8	1,2
17	Loire-inférieure	Saint-Nazaire	7	4	4	-	3	18	4	9,4	5,5	1,2
18		Nantes	26	7	11	13	10	67	13	5,0	2,9	1,0
19	Maine-et-Loire	Angers	»	»	1	4	3	»	»	»	»	»
20	Sarthe	Le Mans	8	6	3	6	9	32	6	7,6	3,4	1,0
21	Indre-et-Loire	Tours	12	6	2	3	3	26	5	4,0	3,5	0,8
22	Loiret	Orléans	9	9	9	12	5	44	9	4,5	3,5	1,3
23	Seine-et-Oise	Versailles	10	4	2	5	19	40	8	4,4	2,4	1,5
24		Boulogne-sur-Seine	3	5	6	6	8	28	6	4,9	4,3	1,5
25		Paris	444	298	259	339	294	1.634	327	7,0	4,4	1,3
26		Neuilly-sur-Seine	4	-	2	2	6	14	3	2,9	4,2	0,9
27	Seine	Levallois-Perret	7	3	5	6	3	24	5	10,8	5,6	0,9
28		Clichy	7	5	6	3	8	29	6	10,6	7,8	1,6
29		Saint-Ouen	5	2	10	6	5	28	6	9,0	6,7	1,8
30		Saint-Denis	12	13	6	9	12	52	10	7,0	3,4	1,7
31	Aube	Troyes	17	6	4	1	7	35	7	5,4	4,3	1,3
32	Marne	Reims	43	18	15	5	13	94	19	7,5	4,0	1,7
33	Meurthe-et-Moselle	Nancy	7	7	17	11	7	49	10	2,4	3,4	1,0
34	Doubs	Besançon	5	5	22	10	2	44	9	4,1	3,0	1,6
35	Côte-d'or	Dijon	7	16	14	13	11	61	12	2,5	1,7	1,7
36	Cher	Bourges	6	-	2	6	11	25	5	4,3	2,5	1,1
37	Vienne	Poitiers	7	10	31	35	24	107	21	»	»	5,3
38	Charente-inférieure	Rochefort	10	3	6	13	13	45	9	4,0	5,0	2,5
39	Gironde	Bordeaux	10	23	35	72	74	214	43	5,2	2,4	1,7
40	Dordogne	Périgueux	2	1	6	8	9	26	5	6,6	2,2	1,6
41	Charente	Angoulême	5	6	4	5	6	26	5	2,8	3,0	1,3
42	Haute-Vienne	Limoges	13	13	9	11	8	54	11	3,1	3,3	1,3
43	Puy-de-Dôme	Clermont-Ferrand	2	4	3	9	5	23	5	3,3	3,8	1,0
44	Allier	Montluçon	7	4	6	11	11	39	8	4,3	3,0	2,4
45	Saône-et-Loire	Le Creusot	4	-	1	1	2	8	2	4,7	0,7	0,6
46		Roanne	5	3	3	5	2	18	4	2,3	3,4	1,2
47	Loire	Saint-Étienne	20	17	33	21	34	125	25	6,9	3,1	1,8
48	Rhône	Lyon	54	65	45	45	61	270	54	5,3	4,2	1,2
49	Isère	Grenoble	19	3	5	5	22	54	11	15,9	4,2	1,7
50	Alpes-Maritimes	Nice	4	14	14	19	25	76	15	8,8	3,1	1,4
51	Var	Toulon	21	6	12	22	15	76	15	9,1	1,8	1,5
52	Vaucluse	Avignon	3	4	3	5	4	19	4	3,6	3,4	0,4
53	Gard	Nîmes	9	5	21	11	15	61	12	4,1	2,2	1,5
54	Bouches-du-Rhône	Marseille	151	54	62	78	100	445	89	13,3	10,2	1,9
55		Montpellier	15	11	8	6	12	52	10	7,7	4,0	1,3
56	Hérault	Cette	2	3	20	30	16	71	14	10,7	9,6	4,3
57		Béziers	9	5	3	7	6	30	6	6,6	5,0	1,2
58	Pyrénées-orientales	Perpignan	4	8	2	5	5	24	5	6,7	2,9	1,4
59	Haute-Garonne	Toulouse	17	22	6	15	13	73	15	3,5	2,1	1,0
60	Basses-Pyrénées	Pau	3	1	3	2	3	12	2	3,5	1,8	0,6

(*) Renseignements incomplets pour tout ou partie des périodes.

V. — RÉSULTATS GÉNÉRAUX ET RÉCAPITULATIFS PAR PÉRIODES

	PÉRIODE 1886-90 5 ans (sauf exceptions indiquées).			PÉRIODE 1891-95 5 ans.			PÉRIODE 1896-1900 5 ans.		
	NOMBRES ABSOLUS		Pro-portion pour 10.000 habitants	NOMBRES ABSOLUS		Pro-portion pour 10.000 habitants	NOMBRES ABSOLUS		Pro-portion pour 10.000 habitants
	Total.	Moyenne annuelle.		Total.	Moyenne annuelle.		Total.	Moyenne annuelle.	
I — Répartition générale par périodes									
Villes de plus de 30.000 hab..	20.663	4.133	6,4	15.768	3.154	4,5	5.276	1.055	1,4
Villes de 10.001 à 30.000 hab.	8.102	1.620	5,3	9.891	1.978	3,7	3.644	729	1,3
Villes de 5.001 à 10.000 hab..	*2.805	1.042	4,6						
(*) 2 ans.									
Totaux........	30.850	6.795	5,8	25.659	5.132	4,1	8.920	1.784	1,4
Proportions extrêmes...	6,3 en 1887-88 / 5,7 en 1890			5,2 en 1891 / 1,8 en 1895			1,7 en 1896 / 1,2 en 1897-98		
Proportion par rapport au nombre des décès de toutes causes.	2,3 o/o / 1 sur 42,6			1,7 o/o / 1 sur 57,0			0,6 o/o / 1 sur 158,9		
II — Répartition par groupes de villes.									
I. Paris.................	8.200	1.640	7,0	5.474	1.095	4,4	1.634	327	1,3
II. Villes de 100.001 à 467.000 h.	6.986	1.397	6,8	5.764	1.152	5,3	1.802	360	1,5
III. Villes de 30.001 à 100.000 h.	5.477	1.095	5,3	4.533	907	3,8	1.840	368	1,5
IV. Villes de 20.001 à 30.000 h.	3.255	651	5,3	2.621	524	4,2	856	171	1,2
V. Villes de 10.001 à 20.000 h.	4.847	969	5,3	3.141	628	3,4	1.241	248	1,3
VI. Villes de 5.001 à 10.000 h..	*2.085	1.042	4,6	4.129	826	3,6	1.547	310	1,3
(*) 2 ans.									
III — Répartition par groupes d'âges dans les villes de plus de 30.000 habit. (Proport. p. 10.000 de ch. groupe)									
de 0 à 1 an.................	*1.757	439	49,4	1.247	249	25,1	512	102	9,6
de 1 à 19 ans..............	14.536	3.634	19,6	14.010	2.802	13,9	4.473	895	4,2
de 20 à 39 ans.............	298	74	0,3	319	64	0,2	177	35	0,1
de 40 à 59 ans.............	130	32	0,2	116	23	0,1	75	15	0,1
de 60 ans et au-dessus	114	28	0,5	76	15	0,2	39	8	0,1
(*) 1re période : 4 ans (1887-90).									
IV — Répartition par saisons dans les villes de plus de 30.000 habit.									
Hiver (décemb., janv., fév.)..	5.865	1.255	1,9	5.338	1.068	1,5	1.761	352	0,5
(*) Moins décembre 1885.									
Printemps (mars, avril, mai)..	6.280	1.256	1,9	4.788	957	1,3	1.550	310	0,4
Été (juin, juillet, août).......	4.027	805	1,2	3.069	614	0,9	1.034	207	0,3
Automne (sept., oct., nov.)...	3.998	800	1,2	2.896	579	0,8	944	189	0,2

V — Répartition par villes de plus de 30.000 hab. Moyennes annuelles et proportions pour 10.000 hab.

	PÉRIODE 1886-90	PÉRIODE 1891-95	PÉRIODE 1896-1900
Moyenne générale annuelle....	de 2,3 à 15,9.	de 0,7 à 10,2.	de 0,4 à 5,3.
Villes ayant présenté une moyenne supérieure à 6,9.........	Lorient .... 8,0 Saint-Nazaire...... 9,4 Le Mans .... 7,6 Paris .... 7,0 Levallois-Perret ... 10,8 Clichy............. 10,6 Saint-Ouen .... 9,0 Saint-Denis........ 7,0 Reims............. 7,5 Grenoble.......... 15,9 Nice .... 8,8 Toulon............ 9,1 Marseille.......... 13,3 Montpellier........ 7,7 Cette 10,7	Tourcoing.......... 7,5 Rouen .... 8,5 Clichy............. 7,8 Marseille.......... 10,2 Cette 9,6	
Villes ayant présenté une moyenne inférieure à 1,0........		Le Creusot........ 0,7	Douai............. 0,6 Tours............. 0,8 Neuilly............ 0,9 Levallois-Perret.... 0,9 Le Creusot........ 0,6 Avignon........... 0,4 Pau............... 0,6

VI

DÉCÈS PAR ROUGEOLE

DE 1896 A 1900

et comparaison avec les deux périodes précédentes.

NOMBRES ABSOLUS ET PROPORTIONNELS

Villes de plus de 5.000 habitants.

I. — RÉPARTITION GÉNÉRALE ANNUELLE PAR GROUPES DE VILLES

Villes de plus de 30.000 habitants.

II. — RÉPARTITION ANNUELLE PAR GROUPES DE VILLES ET PAR AGES

III. — RÉPARTITION PAR VILLES

IV. — RÉSULTATS GÉNÉRAUX ET RÉCAPITULATIFS

DÉCÈS PAR ROUGEOLE DE 1896 A 1900

| GROUPES | | 1896 | | 1897 | | 1898 | | 1899 | | 1900 | |
| | | Nombre absolu. | Pro-portion. | Nombre absolu. | Pro-portion. | Nombre absolu. | Pro-portion. | Nombre absolu. | Pro-portion. | Nombre absolu. | Pro-portion. |
DE VILLES	D'AGE										

I. — RÉPARTITION GÉNÉRALE PAR GROUPES DE VILLES DE PLUS DE 5.000 HABITANTS

PROPORTIONS POUR 10.000 HABITANTS

GROUPES DE VILLES	1896 Nombre absolu	1896 Proportion	1897 Nombre absolu	1897 Proportion	1898 Nombre absolu	1898 Proportion	1899 Nombre absolu	1899 Proportion	1900 Nombre absolu	1900 Proportion
I. Paris	658	2,6	821	3,2	876	3,4	909	3,5	854	3,2
II. Villes de 100.001 à 467.000 habitants.	873	3,7	562	2,4	645	2,7	538	2,2	396	1,6
III. Villes de 30.001 à 100.000 habitants.	566	2,3	581	2,4	553	2,2	565	2,2	471	1,8
IV. Villes de 20.001 à 30.000 habitants.	263	1,9	295	2,1	181	1,3	235	1,6	275	1,9
V. Villes de 10.001 à 20.000 habitants.	551	2,9	254	1,3	253	1,3	315	1,6	187	0,9
VI. Villes de 5.001 à 10.000 habitants.	379	1,6	318	1,4	320	1,3	484	2,0	338	1,4
TOTAUX GÉNÉRAUX — Villes de plus de 10.000 h.	2.911	2,8	2.513	2,3	2.508	2,3	2.562	2,3	2.183	2,0
TOTAUX GÉNÉRAUX — Villes de plus de 5.000 h.	3.290	2,6	2.831	2,2	2.828	2,1	3.046	2,3	2.521	1,9

II. — RÉPARTITION PAR GROUPES D'AGES DANS LES VILLES DE PLUS DE 30.000 HABITANTS

PROPORTIONS POUR 10.000 INDIVIDUS DE CHAQUE GROUPE

GROUPES	D'AGE	1896 Nombre absolu	1896 Proportion	1897 Nombre absolu	1897 Proportion	1898 Nombre absolu	1898 Proportion	1899 Nombre absolu	1899 Proportion	1900 Nombre absolu	1900 Proportion
I. Paris	de 0 à 1 an	167	52,6	194	60,0	226	68,6	222	66,2	216	63,3
	de 1 à 19 ans	483	7,5	618	9,5	643	9,7	677	10,1	628	9,3
	de 20 à 39 ans	6	0,1	9	0,1	6	0,0	9	0,1	6	0,0
	de 40 à 59 ans	–	–	–	–	1	0,0	1	0,0	2	0,0
	de 60 ans et au-dessus.	2	0,1	–	–	–	–	–	–	2	0,1
II. Villes de 100.001 à 467.000 habit.	de 0 à 1 an	205	58,3	150	42,4	200	56,3	130	36,4	104	28,9
	de 1 à 19 ans	657	9,4	409	5,8	437	6,2	407	5,7	289	4,0
	de 20 à 39 ans	10	0,1	1	0,0	8	0,1	1	0,0	3	0,0
	de 40 à 59 ans	1	0,0	2	0,0	–	–	–	–	–	–
	de 60 ans et au-dessus.	–	–	–	–	–	–	–	–	–	–
III. Villes de 30.001 à 100.000 habit.	de 0 à 1 an	162	44,5	153	41,5	165	44,1	165	43,6	140	36,5
	de 1 à 19 ans	392	5,2	420	5,5	373	4,8	389	5,0	316	4,0
	de 20 à 39 ans	11	0,1	7	0,1	15	0,2	11	0,1	15	0,1
	de 40 à 59 ans	–	–	1	0,0	–	–	–	–	–	–
	de 60 ans et au-dessus.	1	0,0	–	–	–	–	–	–	–	–

	Années.	0 à 1 an.	1 à 19 ans.	20 à 39 ans.	40 à 59 ans.	60 ans et au-dessus.
RÉCAPITULATION PAR PÉRIODES (Nombres absolus.)	1896	534	1.532	27	1	3
	1897	497	1.447	17	3	–
	1898	591	1.453	29	1	–
	1899	517	1.473	21	1	–
	1900	460	1.233	24	2	2
TOTAUX	(5 ans.)	2.599	7.138	118	8	5

III. — RÉPARTITION DANS LES VILLES DE PLUS DE 30.000 HABITANTS

PROPORTIONS POUR 10.000 HABITANTS PAR COMPARAISON AVEC LES DEUX PÉRIODES PRÉCÉDENTES

NUMÉROS D'ORDRE	DÉPARTEMENTS par GROUPEMENT GÉOGRAPHIQUE du nord au sud.	NOMS DES VILLES	NOMBRES ABSOLUS							PROPORTION		
			1896	1897	1898	1899	1900	TOTAL	MOYENNE annuelle.	1886-90	1891-95	1896-1900
1	Nord	Dunkerque	4	–	37	4	45	90	18	4,3	10,1	4,5
2		Tourcoing	45	34	13	48	25	165	33	4,6	4,6	4,3
3		Roubaix	135	69	88	58	29	379	76	5,3	3,2	6,1
4		Lille	89	165	167	57	63	541	108	8,1	6,1	5,1
5		Douai	8	7	16	1	18	50	10	4,3	2,9	3,0
6	Pas-de-Calais	Calais	4	1	87	20	–	112	22	5,9	3,5	3,8
7		Boulogne-sur-Mer	77	–	25	1	–	103	21	9,5	3,5	4,3
8	Somme	Amiens	24	1	10	8	8	51	10	3,3	0,5	1,1
9	Aisne	Saint-Quentin	1	–	–	1	16	18	4	3,6	0,6	0,8
10	Seine-inférieure	Le Havre	73	1	143	41	34	292	58	4,4	2,1	4,7
11		Rouen	40	15	3	61	7	126	25	4,0	2,0	2,2
12	Calvados	Caen	2	1	–	–	2	5	1	»	0,2	0,2
13	Manche	Cherbourg	22	4	–	36	2	64	13	»	2,7	3,1
14	Ille-et-Vilaine	Rennes	19	–	1	23	4	47	9	4,3	1,0	1,2
15	Finistère	Brest	8	5	3	3	4	23	5	5,6	5,2	0,6
16	Morbihan	Lorient	24	19	4	106	3	156	31	10,0	4,8	7,2
17	Loire-inférieure	Saint-Nazaire	5	28	–	14	–	47	9	5,1	0,3	2,7
18		Nantes	58	2	1	8	46	115	23	2,2	1,0	1,8
19	Maine-et-Loire	Angers	3	3	»	2	1	»	»	»	»	»
20	Sarthe	Le Mans	1	21	5	1	3	31	6	1,4	0,7	1,0
21	Indre-et-Loire	Tours	44	4	53	3	3	107	21	5,5	2,9	3,3
22	Loiret	Orléans	22	2	4	25	2	55	11	1,9	1,8	1,6
23	Seine-et-Oise	Versailles	6	9	2	7	8	32	6	2,5	1,7	1,1
24	Seine	Boulogne-s-Seine	24	21	13	32	22	112	22	8,4	5,8	5,4
25		Paris	658	821	876	909	854	4.118	824	5,5	3,4	3,2
26		Neuilly-sur-Seine	10	2	8	8	9	37	7	2,9	2,0	2,0
27		Levallois-Perret	9	13	30	7	11	70	14	5,9	2,8	2,7
28		Clichy	7	44	26	43	25	145	29	9,6	3,8	7,9
29		Saint-Ouen	9	9	35	4	10	67	13	8,1	1,8	3,9
30		Saint-Denis	10	21	10	7	12	60	12	6,8	3,2	2,1
31	Aube	Troyes	–	2	2	4	2	10	2	2,1	0,8	0,4
32	Marne	Reims	29	5	106	1	48	189	38	7,8	8,0	3,5
33	Meurthe-et-Moselle	Nancy	2	41	21	34	39	137	27	3,4	4,0	2,7
34	Doubs	Besançon	7	26	3	–	–	36	7	5,8	1,7	1,2
35	Côte-d'or	Dijon	6	3	–	4	5	18	4	1,3	0,9	0,6
36	Cher	Bourges	–	2	11	3	2	18	4	2,5	0,4	0,9
37	Vienne	Poitiers	9	9	–	–	1	19	4	»	»	1.0
38	Charente-inférieure	Rochefort	–	–	39	1	–	40	8	11,8	2,4	2,3
39	Gironde	Bordeaux	93	21	51	13	45	223	45	3,3	2,6	1,7
40	Dordogne	Périgueux	17	–	4	–	4	25	5	7,0	3,2	1,6
41	Charente	Angoulême	17	3	12	–	8	40	8	6,5	3,0	2,1
42	Haute-Vienne	Limoges	3	41	27	4	–	75	15	6,1	8,2	1,8
43	Puy-de-Dôme	Clermont-Ferrand	1	4	–	2	1	8	2	1,9	0,4	0,6
44	Allier	Montluçon	3	3	–	1	1	8	2	1,0	1,7	0,6
45	Saône-et-Loire	Le Creusot	7	3	4	–	1	15	3	7,6	2,3	1,0
46	Loire	Roanne	2	10	–	–	1	13	3	1,3	1,8	0,9
47		Saint-Étienne	104	9	19	2	34	168	34	4,2	2,9	2,4
48	Rhône	Lyon	64	30	44	29	43	210	42	2,6	1,5	0,9
49	Isère	Grenoble	–	32	2	2	10	46	9	4,1	1,4	1,3
50	Alpes-maritimes	Nice	33	29	–	21	14	97	19	4,7	1,5	1,8
51	Var	Toulon	56	3	8	45	9	121	24	3,0	4,0	2,4
52	Vaucluse	Avignon	12	4	–	30	7	53	11	2,9	1,8	2,4
53	Gard	Nîmes	–	20	6	18	2	46	9	4,5	1,9	1,2
54	Bouches-du-Rhône	Marseille	140	199	14	215	12	580	116	6,9	3,8	2,5
55	Hérault	Montpellier	1	86	5	2	83	177	35	8,2	4,6	4,7
56		Cette	2	20	3	1	27	53	11	13,7	6,1	3,3
57		Béziers	–	6	2	2	18	28	6	8,7	2,6	1,2
58	Pyrénées-orientales	Perpignan	27	12	3	–	16	58	12	2,3	2,9	3,4
59	Haute-Garonne	Toulouse	15	17	9	32	21	94	19	3,2	1,3	1,8
60	Basses-Pyrénées	Pau	6	2	19	8	1	36	7	2,2	0,6	2,1

(*) Renseignements incomplets pour tout ou partie des périodes.

IV. — RÉSULTATS GÉNÉRAUX ET RÉCAPITULATIFS PAR PÉRIODES

	PÉRIODE 1886-90 — 5 ans (sauf exceptions indiquées).			PÉRIODE 1891-95 — 5 ans.			PÉRIODE 1896-1900 — 5 ans.		
	NOMBRES ABSOLUS		Pro-portion pour 10.000 habit.	NOMBRES ABSOLUS		Pro-portion pour 10.000 habit.	NOMBRES ABSOLUS		Pro-portion pour 10.000 habit.
	Total.	Moyenne an-nuelle.		Total.	Moyenne an-nuelle.		Total.	Moyenne an-nuelle.	
I — Répartition générale par périodes.									
Villes de plus de 30.000 habit.	16.166	3.233	5,0	10.732	2.146	3,0	9.868	1.974	2,6
Villes de 10.001 à 30.000 hab.	5.660	1.132	3,7	5.599	1.120	2,1	4.648	929	1,6
Villes de 5.001 à 10.000 hab.. (*) 2 ans.	*1.969	984	4,3						
TOTAUX	23.795	5.349	4,5	16.331	3.266	2,6	14.510	2.903	2,2
Proportions extrêmes	6,4 en 1887 / 3,3 en 1886-89			3,7 en 1893 / 1,6 en 1895			2,6 en 1896 / 1,9 en 1900		
Proportion par rapport au nombre des décès de toutes causes.	1,8 o/o — 1 sur 54,1			1,1 o/o — 2 sur 89,5			1,0 o/o — 1 sur 97,7		
II — Répartition par groupes de villes.									
I. Paris	6.438	1.288	5,5	4.241	847	3,4	4.118	823	3,2
II. Villes de 100.001 à 467.000 h.	4.878	976	4,7	3.348	670	3,1	3.014	603	2,5
III. Villes de 30.001 à 100.000 h.	4.850	970	4,7	3.143	629	2,6	2.736	547	2,2
IV. Villes de 20.001 à 30.000 h.	2.738	547	4,5	1.344	269	2,2	1.249	250	1,8
V. Villes de 10.001 à 20.000 h.	2.922	584	3,2	1.679	336	1,8	1.560	312	1,6
VI. Villes de 5.001 à 10.000 h.. (*) 2 ans.	*1.969	984	4,3	2.576	515	2,2	1.839	368	1,6
III — Répartition par groupes d'âges dans les villes de plus de 30.000 habit. Proport. p. 10.000 déc. du groupe.									
de 0 à 1 an	*3.451	863	97,1	2.849	570	57,6	2.599	520	49,1
de 1 à 19 ans	10.024	2.506	13,5	7.659	1.532	7,6	7.138	1.428	6,7
de 20 à 39 ans	219	55	0,2	205	41	0,1	118	23	0,1
de 40 à 59 ans	16	4	0,0	17	3	0,0	8	2	0,0
de 60 ans et au-dessus	18	4	0,0	2	–	–	5	1	0,0
(*) 1re période : 4 ans (1887-90).									

IV — Répartition par villes de plus de 30.000 habit. Moyennes annuelles et proportions pour 10.000 habit.

Moyenne générale annuelle ... : de 1,0 à 13,7 (1886-90) — de 0,3 à 10,1 (1891-95) — de 0,4 à 7.9 (1896-1900)

Villes ayant présenté une moyenne supérieure à 6,9 :

Période 1886-90		Période 1891-95		Période 1896-1900	
Lille	8,1	Dunkerque	10,1	Lorient	7,2
Boulogne-sur-mer	9,5			Clichy	7,9
Lorient	10,0				
Boulogne (Seine)	8,4				
Clichy	9,6				
Saint-Ouen	8,1				
Reims	7,8	Reims	8,0		
Rochefort	11,8				
Périgueux	7,0				
Le Creusot	7,6	Limoges	8,2		
Montpellier	8,2				
Cette	13,7				
Béziers	8,7				

Villes ayant présenté une moyenne inférieure à 1,0 :

Période 1891-95		Période 1896-1900	
Amiens	0,5		
Saint-Quentin	0,6	Saint-Quentin	0,8
Saint-Nazaire	0,3	Brest	0,6
Le Mans	0,7		
Troyes	0,8	Troyes	0,4
Dijon	0,9	Dijon	0,6
Bourges	0,4	Bourges	0,9
Clermont-Ferrand	0,4	Clermont-Ferrand	0,4
		Montluçon	0,6
		Roanne	0,9
Pau	0,6	Lyon	0,9

VII

DÉCÈS PAR VARIOLE

DE 1896 A 1900

et comparaison avec les deux périodes précédentes.

NOMBRES ABSOLUS ET PROPORTIONNELS

Villes de plus de 5.000 habitants.

I. — RÉPARTITION GÉNÉRALE ANNUELLE PAR GROUPES DE VILLES

Villes de plus de 30.000 habitants.

II. — RÉPARTITION ANNUELLE PAR GROUPES DE VILLES ET PAR AGES
III. — RÉPARTITION PAR VILLÉS
IV. — RÉSULTATS GÉNÉRAUX ET RÉCAPITULATIFS

DÉCÈS PAR VARIOLE DE 1896 A 1900

GROUPES		1896		1897		1898		1899		1900	
DE VILLES	D'AGE	Nombre absolu.	Proportion.	Nombre absolu.	Proportion.	Nombre absolu.	Proportion.	Nombre absolu.	Proportion.	Nombre absolu.	Proportion.

I. — RÉPARTITION GÉNÉRALE PAR GROUPES DE VILLES DE PLUS DE 5.000 HABITANTS

PROPORTIONS POUR 10.000 HABITANTS

Groupe de villes	1896 Nombre absolu	1896 Proportion	1897 Nombre absolu	1897 Proportion	1898 Nombre absolu	1898 Proportion	1899 Nombre absolu	1899 Proportion	1900 Nombre absolu	1900 Proportion
I. Paris	22	0,1	12	0,0	5	0,0	4	0,0	215	0,8
II. Villes de 100.001 à 467.000 habitants.	580	2,4	23	0,1	19	0,1	471	1,9	714	2,9
III. Villes de 30.001 à 100.000 habitants.	319	0,3	56	0,2	28	0,1	14	0,0	303	1,2
IV. Villes de 20.001 à 30.000 habitants..	39	0,3	17	0,1	4	0,0	110	0,8	231	1,6
V. Villes de 10.001 à 20.000 habitants..	80	0,4	20	0,1	24	0,1	51	0,3	258	1,3
VI. Villes de 5.001 à 10.000 habitants..	36	0,1	62	0,3	25	0,1	20	0,1	62	0,2
Totaux généraux.. (Villes de plus de 10.000 h.	1.049	1,0	128	0,1	80	0,1	650	0,6	1.721	1,6
(Villes de plus de 5.000 h.	1.076	0,8	190	0,1	105	0,1	670	0,5	1.783	1,3

II. — RÉPARTITION PAR GROUPES D'AGES DANS LES VILLES DE PLUS DE 30.000 HABITANTS

PROPORTIONS POUR 10.000 INDIVIDUS DE CHAQUE GROUPE

Groupe	Age	1896 Nombre absolu	1896 Proportion	1897 Nombre absolu	1897 Proportion	1898 Nombre absolu	1898 Proportion	1899 Nombre absolu	1899 Proportion	1900 Nombre absolu	1900 Proportion
I. Paris	de 0 à 1 an	4	1,3	5	1,5	2	0,1	3	0,9	27	7,9
	de 1 an à 19 ans	10	0,1	6	0,1	2	0,0	1	0,0	27	0,4
	de 20 à 39 ans	6	0,0	–	–	1	0,0	–	–	96	0,9
	de 40 à 59 ans	2	0,0	1	0,0	–	–	–	–	49	0,8
	de 60 ans et au-dessus	–	–	–	–	–	–	–	–	16	0,8
II. Villes de 100.001 à 467.000 habit.	de 0 à 1 an	94	26,7	4	1,1	3	0,8	77	21,5	90	25,0
	de 1 à 19 ans	272	3,9	4	0,1	7	0,1	247	3,5	312	4,4
	de 20 à 39 ans	141	1,6	7	0,1	6	0,1	109	1,2	212	2,4
	de 40 à 59 ans	64	1,2	6	0,1	2	0,0	27	0,5	82	1,5
	de 60 ans et au-dessus	9	0,4	–	–	1	0,0	11	0,5	18	0,8
III. Villes de 30.001 à 100.000 habit.	de 0 à 1 an	41	11,3	16	4,3	10	2,7	1	0,3	51	13,3
	de 1 à 19 ans	180	2,4	24	0.3	9	0,1	7	0,1	89	1,1
	de 20 à 39 ans	62	0,7	12	0,1	5	0,0	5	0,0	84	0,9
	de 40 à 59 ans	26	0,5	4	0,1	4	0,1	1	0,0	57	1,1
	de 60 ans et au-dessus	10	0,4	–	–	–	–	–	–	22	0,9

	Années.	0 à 1 an.	1 à 19 ans.	20 à 39 ans.	40 à 50 ans.	60 ans et au-dessus.
Récapitulation par périodes..... (Nombres absolus.)	1896	139	462	209	92	19
	1897	25	36	19	11	–
	1898	15	18	12	6	1
	1899	81	255	114	28	11
	1900	168	428	392	188	56
Totaux	(5 ans.)	428	1.199	746	325	87

III. — RÉPARTITION DANS LES VILLES DE PLUS DE 30.000 HABITANTS

PROPORTIONS POUR 10.000 HABITANTS PAR COMPARAISON AVEC LES DEUX PÉRIODES PRÉCÉDENTES

NUMÉROS D'ORDRE	DÉPARTEMENTS par groupement géographique du nord au sud.	NOMS DES VILLES	NOMBRES ABSOLUS							PROPORTION		
			1896	1897	1898	1899	1900	TOTAL	MOYENNE annuelle	1886-90	1891-95	1896-1900
1	Nord	Dunkerque	-	-	-	-	-	-	-	0,0	0,2	-
2		Tourcoing	1	-	1	-	2	4	1	0,0	2,4	0,1
3		Roubaix	-	2	1	-	2	5	1	1,3	2,2	0,0
4		Lille	-	-	-	-	-	-	-	2,0	0,0	-
5		Douai	-	-	-	-	-	-	-	7,8	0,5	-
6	Pas-de-Calais	Calais	-	-	-	-	-	-	-	-	2,8	-
7		Boulogne-sur-mer	-	-	-	-	-	-	-	5,7	0,1	-
8	Somme	Amiens	-	-	-	-	-	-	-	--	0,0	-
9	Aisne	Saint-Quentin	-	-	-	-	-	-	-	4,8	1,5	-
10	Seine-inférieure	Le Havre	-	-	-	-	4	5	1	1,9	1,6	0,1
11		Rouen	1	-	-	-	-	12	2	»	0,9	0,4
12	Calvados	Caen*	12	-	-	-	-	1	0,2	»	4,8	0,0
13	Manche	Cherbourg*	-	-	-	-	-	-	-	2,5	0,1	-
14	Ille-et-Vilaine	Rennes	5	44	11	-	-	60	12	12,6	0,0	1,5
15	Finistère	Brest	1	1	-	6	-	8	2	11,7	0,0	0,5
16	Morbihan	Lorient	-	-	-	-	14	14	3	6,2	0,6	0,9
17	Loire-inférieure	Saint-Nazaire	-	-	1	-	1	2	0,4	0,6	1,0	0,0
18		Nantes	-	-	-	-	1	»	»	»	»	»
19	Maine-et-Loire	Angers*	»	»	»	»	1	1	0,2	0,7	0,0	0,0
20	Sarthe	Le Mans	-	-	-	-	-	-	-	3,0	0,2	0,3
21	Indre-et-Loire	Tours	6	-	-	-	2	8	2	0,6	0,3	0,0
22	Loiret	Orléans	-	-	1	-	19	19	4	0,8	0,2	0,7
23	Seine-et-Oise	Versailles	-	-	-	-	5	6	1	0,6	0,6	0,2
24	Seine	Boulogne-sur-Seine	1	-	-	-	5	6	1	0,9	0,4	0,2
25		Paris	22	12	5	4	215	258	52	0,4	0,0	-
26		Neuilly-sur-Seine	-	-	-	-	-	-	-	0,8	1,8	0,2
27		Levallois-Perret	-	1	-	-	2	3	1	1,1	0,6	-
28		Clichy	-	-	-	-	4	4	1	0,8	0,3	0,3
29		Saint-Ouen	-	-	-	-	15	15	3	3,7	1,1	0,5
30		Saint-Denis	-	-	-	-	-	-	-	0,6	-	-
31	Aube	Troyes	-	-	-	-	-	-	-	3,4	0,6	-
32	Marne	Reims	-	-	-	-	-	-	-	0,6	0,6	-
33	Meurthe-et-Moselle	Nancy	-	-	-	-	-	-	-	1,1	1,6	0,0
34	Doubs	Besançon	-	-	1	-	43	43	9	0,3	1,4	1,3
35	Côte-d'or	Dijon	-	-	-	-	-	-	-	4,3	0,2	-
36	Cher	Bourges	-	-	-	-	-	-	-	»	»	»
37	Vienne	Poitiers*	»	»	»	»	»	»	»	1,9	0,9	0,3
38	Charente-inférieure	Rochefort	5	-	-	-	-	5	1	0,4	3,1	0,1
39	Gironde	Bordeaux	3	1	2	-	4	10	2	1,0	7,1	-
40	Dordogne	Périgueux	-	-	-	-	-	-	-	0,3	3,0	0,3
41	Charente	Angoulême	-	2	-	1	-	3	1	0,3	4,2	0,0
42	Haute-Vienne	Limoges	-	-	-	-	2	2	0,4	2,5	1,4	0,2
43	Puy-de-Dôme	Clermont-Ferrand	1	-	-	-	-	1	0,2	2,9	0,7	-
44	Allier	Montluçon	-	-	-	-	-	-	-	7,2	-	0,0
45	Saône-et-Loire	Le Creusot	1	-	-	-	-	1	0,2	4,0	2,8	0,3
46	Loire	Roanne	2	-	-	-	2	4	1	4,4	0,9	0,1
47		Saint-Étienne	-	-	-	-	6	6	1	0,7	0,1	0,3
48	Rhône	Lyon	2	1	-	6	55	64	13	2,5	0,3	-
49	Isère	Grenoble	-	-	-	-	-	-	-	6,1	0,4	0,5
50	Alpes-maritimes	Nice	1	1	-	3	22	27	5	4,7	3,0	5,4
51	Var	Toulon	67	3	10	7	176	263	53	6,5	0,9	0,9
52	Vaucluse	Avignon	11	-	-	-	8	19	4	1,1	4,5	0,2
53	Gard	Nîmes	4	4	-	1	-	9	2	15,2	6,6	7,2
54	Bouches-du-Rhône	Marseille	573	18	15	461	620	1.687	337	6,0	1,4	0,3
55	Hérault	Montpellier	8	1	-	-	-	9	2	15,3	-	11,3
56		Cette	185	-	-	-	-	185	37	12,8	0,2	0,4
57		Béziers	8	-	2	-	-	10	2	9,7	0,0	0,3
58	Pyrénées-orientales	Perpignan	1	-	2	-	-	3	1	3,4	0,1	0,0
59	Haute-Garonne	Toulouse	-	-	-	1	-	1	0,2	0,0	1,5	-
60	Basses-Pyrénées	Pau	-	-	-	-	-	-	-	-	-	-

(*) Renseignements incomplets pour tout ou partie des périodes.

IV. — RÉSULTATS GÉNÉRAUX ET RÉCAPITULATIFS PAR PERIODES

		PÉRIODE 1886-90 — 5 ans (sauf exceptions indiquées).			PÉRIODE 1891-95 — 5 ans.			PÉRIODE 1896-1900 — 5 ans.		
		NOMBRES ABSOLUS		Proportion pour 10.000 habit.	NOMBRES ABSOLUS		Proportion pour 10.000 habit.	NOMBRES ABSOLUS		Proportion pour 10.000 habit.
		Total.	Moyenne annuelle.		Total.	Moyenne annuelle.		Total.	Moyenne annuelle.	
I — Répartition générale par périodes.	Villes de plus de 30.000 habit.	9.075	1.815	2,8	4.547	909	1,3	2.785	557	0,7
	Villes de 10.001 à 30.000 habit.	3.677	735	2,4	2.622	524	1,0	1.039	208	0,4
	Villes de 5.001 à 10.000 habit. (*) 2 ans.	*742	371	2,1						
	Totaux........	13.494	2.921	2,5	7.169	1.433	1,1	3.824	765	0,6
	Proportions extrêmes..	3,8 en 1888 / 1,3 en 1890			1,5 en 1891 / 0,8 en 1895			1,3 en 1900 / 0,1 en 1897-98		
	Proportion par rapport au nombre des décès de toutes causes.	1,0 o/o — 1 sur 99			0,5 o/o — 1 sur 204			0,3 o/o — 1 sur 370,6		
II — Répartition par groupes de villes.	I. Paris	1.061	212	0,9	524	105	0,4	258	52	0,2
	II. Villes de 100.001 à 467.000 h.	4.419	884	4,3	2.622	524	2,4	1.807	361	1,5
	III. Villes de 30.001 à 100.000 h.	3.595	719	3,5	1.401	280	1,2	720	144	0,6
	IV. Villes de 20.001 à 30.000 h.	1.276	255	2,1	668	134	1,1	401	80	0,6
	V. Villes de 10.001 à 20.000 h.	2.401	480	2,6	1.128	225	1,2	433	87	0,4
	VI. Villes de 5.001 à 10.000 h. (*) 2 ans.	*742	371	2,1	826	165	0,7	205	41	0,3
III — Répartition par groupes d'âges dans les villes de plus de 30.000 habit. (Proport. p. 10.000 de ch. groupe)	de 0 à 1 an	*1.037	259	29,1	771	154	15,5	428	86	8,1
	de 1 à 19 ans	2.471	618	3,3	1.755	351	1,7	1.199	240	1,1
	de 20 à 39 ans	1.600	400	1,6	1.187	237	0,9	746	149	0,5
	de 40 à 59 ans	772	193	1,3	634	127	0,8	325	65	0,4
	de 60 ans et au-dessus (*) 1re période : 4 ans (1887-90).	199	50	0,8	200	40	0,6	87	17	0,3

IV — Répartition par villes de plus de 30.000 habit. Moyennes annuelles et proportions pour 10.000 habit.

Moyenne générale annuelle... : de 0 décès à 15,3 | de 0 décès à 7,1 | de 0 décès à 11,3

Villes ayant présenté pendant chacune des périodes une moyenne supérieure à 3,9 :

Période 1886-90		Période 1891-95		Période 1896-1900	
Calais	7,8	Cherbourg	4,8		
Amiens	5,7				
Le Havre	4,8				
Brest	12,6				
Lorient	11,7				
Saint-Nazaire	6,2	Périgueux	7,1		
Bourges	4,3	Limoges	4,2		
Le Creusot	7,2				
Roanne	4,0				
Saint-Étienne	4,4				
Nice	6,1				
Toulon	4,7			Toulon	5,4
Avignon	6,5	Nimes	4,5		
Marseille	15,2	Marseille	6,6	Marseille	7,2
Montpellier	6,0				
Cette	15,3			Cette	11,3
Béziers	12,8				
Perpignan	9,7				

Villes ayant présenté pendant toute la durée des trois périodes une moyenne inférieure à 1,0 ou n'ayant eu aucun décès :

	Période 1886-90	Période 1891-95	Période 1896-1900
Dunkerque	0,0	0,2	-
Saint-Quentin	-	0,0	-
Le Mans	0,7	0,0	0,0
Orléans	0,6	0,3	0,0
Versailles	0,8	0,2	0,7
Boulogne-sur-S.	0,6	0,6	0,2
Paris	0,9	0,4	0,2
Neuilly-sur-Seine	0,4	0,0	-
Saint-Ouen	0,8	0,3	0,3
Troyes	0,6	-	-
Nancy	0,6	0,6	-
Lyon	0,7	0,1	0,3

VIII

DÉCÈS PAR SCARLATINE

DE 1896 A 1900

et comparaison avec les deux périodes précédentes.

NOMBRES ABSOLUS ET PROPORTIONNELS

Villes de plus de 5.000 habitants.

I. — RÉPARTITION GÉNÉRALE ANNUELLE PAR GROUPES DE VILLES

Villes de plus de 30.000 habitants.

II. — RÉPARTITION ANNUELLE PAR GROUPES DE VILLES ET PAR AGES

III. — RÉPARTITION PAR VILLES

IV. — RÉSULTATS GÉNÉRAUX ET RÉCAPITULATIFS

DÉCÈS PAR SCARLATINE DE 1896 A 1900

GROUPES DE VILLES	D'AGE	1896 Nombre absolu.	1896 Proportion.	1897 Nombre absolu.	1897 Proportion.	1898 Nombre absolu.	1898 Proportion.	1899 Nombre absolu.	1899 Proportion.	1900 Nombre absolu.	1900 Proportion.

I. — RÉPARTITION GÉNÉRALE PAR GROUPES DE VILLES DE PLUS DE 5.000 HABITANTS

PROPORTIONS POUR 10.000 HABITANTS

	1896		1897		1898		1899		1900	
	Nombre absolu.	Proportion.	Nombre absolu.	Proportion.	Nombre absolu.	Proportion.	Nombre absolu.	Proportion.	Nombre absolu.	Proportion.
I. Paris	170	0,7	65	0,2	138	0,5	208	0,8	172	0,6
II. Villes de 100.001 à 467.000 habitants.	134	0,6	64	0,3	54	0,2	90	0,4	96	0,4
III. Villes de 30.001 à 100.000 habitants.	153	0,6	103	0,4	115	0,5	173	0,7	102	0,4
IV. Villes de 20.001 à 30.000 habitants.	61	0,4	43	0,3	46	0,3	83	0,6	52	0,4
V. Villes de 10.001 à 20.000 habitants.	98	0,5	38	0,2	80	0,4	99	0,5	66	0,3
VI. Villes de 5.001 à 10.000 habitants.	128	0,6	99	0,4	108	0,4	143	0,6	86	0,3
Totaux généraux. Villes de plus de 10.000 h.	616	0,6	313	0,3	433	0,4	653	0,6	488	0,4
Totaux généraux. Villes de plus de 5.000 h.	744	0,6	412	0,3	541	0,4	796	0,6	574	0,4

II. — RÉPARTITION PAR GROUPES D'AGES DANS LES VILLES DE PLUS DE 30.000 HABITANTS

PROPORTIONS POUR 10.000 INDIVIDUS DE CHAQUE GROUPE

		1896		1897		1898		1899		1900	
		Nombre absolu.	Proportion.	Nombre absolu.	Proportion.	Nombre absolu.	Proportion.	Nombre absolu.	Proportion.	Nombre absolu.	Proportion.
I. Paris	de 0 à 1 an	5	1,6	4	1,2	2	0,1	6	1,8	9	2,6
	de 1 à 19 ans	145	2,2	51	0,8	92	1,4	151	2,3	138	2,0
	de 20 à 39 ans	14	0,1	9	0,1	37	0,3	42	0,4	21	0,2
	de 40 à 59 ans	5	0,1	–	–	6	0,1	7	0,1	3	0,0
	de 60 ans et au-dessus.	1	0,0	1	0,0	1	0,0	2	0,1	1	0,0
II. Villes de 100.001 à 467.000 habit.	de 0 à 1 an	4	1,1	2	0,6	3	0,8	5	1,4	9	2,5
	de 1 à 19 ans	98	1,4	52	0,7	38	0,5	63	0,9	74	1,0
	de 20 à 39 ans	28	0,3	9	0,1	12	0,1	20	0,2	10	0,1
	de 40 à 59 ans	4	0,1	1	0,0	1	0,0	2	0,0	2	0,3
	de 60 ans et au-dessus.	–	–	–	–	–	–	–	–	1	0,0
III. Villes de 30.001 à 100.000 habit.	de 0 à 1 an	4	1,1	8	2,2	9	2,4	9	2,4	7	1,8
	de 1 à 19 ans	98	1,3	50	0,6	59	0,8	114	1,5	56	0,7
	de 20 à 39 ans	42	0,5	43	0,5	43	0,5	43	0,4	35	0,4
	de 40 à 59 ans	7	0,1	2	0,0	4	0,1	4	0,1	–	–
	de 60 ans et au-dessus.	2	0,0	–	–	–	–	3	0,1	4	0,2

	Années.	0 à 1 an.	1 à 19 ans.	20 à 39 ans.	40 à 59 ans.	60 ans et au-dessus.
Récapitulation par périodes (Nombres absolus.)	1896	13	341	84	16	3
	1897	14	153	61	3	1
	1898	14	189	92	11	1
	1899	20	328	105	13	5
	1900	25	268	66	5	6
Totaux	(5 ans.)	86	1.270	408	48	16

III. — RÉPARTITION DANS LES VILLES DE PLUS DE 30.000 HABITANTS

PROPORTIONS POUR 10.000 HABITANTS PAR COMPARAISON AVEC LES DEUX PÉRIODES PRÉCÉDENTES

NUMÉROS D'ORDRE	DÉPARTEMENTS par GROUPEMENT GÉOGRAPHIQUE du nord au sud.	NOMS DES VILLES	NOMBRES ABSOLUS							PROPORTION		
			1896	1897	1898	1899	1900	TOTAL	MOYENNE annuelle.	1886-90	1891-95	1896-1900
1		Dunkerque	1	1	1	1	9	13	3	1,0	0,5	0,7
2		Tourcoing	1	–	1	5	–	7	1	0,0	0,9	0,1
3	Nord	Roubaix	–	3	1	1	1	6	1	1,3	0,3	0,1
4		Lille	10	7	4	4	9	34	7	0,5	0,7	0,3
5		Douai	1	–	–	–	–	1	0,2	1,0	0,6	0,0
6	Pas-de-Calais	Calais	2	2	–	6	1	11	2	0,2	0,2	0,3
7		Boulogne-sur-Mer	1	–	–	11	3	15	3	0,2	0,6	0,6
8	Somme	Amiens	1	2	2	6	3	14	3	1,3	0,2	0,3
9	Aisne	Saint-Quentin	–	1	–	–	1	2	0,4	1,0	0,2	0,0
10	Seine-inférieure	Le Havre	–	1	1	1	8	11	2	0,6	0,3	0,2
11		Rouen	8	12	2	8	5	35	7	0,4	0,4	0,6
12	Calvados	Caen*	–	1	1	–	–	2	0,4	»	0,2	0,0
13	Manche	Cherbourg*	1	–	1	–	2	4	1	»	0,2	0,2
14	Ille-et-Vilaine	Rennes	–	1	2	8	5	16	3	0,4	0,6	0,4
15	Finistère	Brest	8	16	5	3	3	35	7	0,5	0,1	0,9
16	Morbihan	Lorient	1	2	6	2	2	13	3	0,5	0,0	0,7
17	Loire-inférieure	Saint-Nazaire	1	–	1	1	–	3	1	0,4	0,0	0,3
18		Nantes	–	1	2	2	–	5	1	0,4	0,2	0,1
19	Maine-et-Loire	Angers*	»	1	2	»	1	»	»	»	»	»
20	Sarthe	Le Mans	–	4	2	4	4	14	3	0,3	0,5	0,5
21	Indre-et-Loire	Tours	2	10	9	4	3	28	6	0,3	0,5	0,9
22	Loiret	Orléans	–	–	1	2	5	8	2	1,6	1,2	0,3
23	Seine-et-Oise	Versailles	14	2	4	11	12	43	9	0,8	1,7	1,6
24		Boulogne-s-Seine	5	2	–	7	2	16	3	1,3	0,6	0,7
25		Paris	170	65	138	208	172	753	151	1,0	0,7	0,6
26		Neuilly-sur-Seine	1	–	–	2	1	4	1	0,7	0,6	0,3
27	Seine	Levallois-Perret	3	–	1	1	–	5	1	0,5	1,4	0,2
28		Clichy	–	1	2	4	2	9	2	0,7	0,6	0,5
29		Saint-Ouen	–	7	10	5	7	29	6	0,8	0,7	1,8
30		Saint-Denis	8	4	5	9	6	32	6	1,2	0,8	1,0
31	Aube	Troyes	–	–	–	–	1	1	0,2	0,2	0,2	0,0
32	Marne	Reims	1	2	2	3	4	12	2	1,4	0,3	0,2
33	Meurthe-et-Moselle	Nancy	4	9	12	7	3	35	7	0,6	1,3	0,7
34	Doubs	Besançon	5	2	1	–	–	8	2	2,6	0,7	0,3
35	Côte-d'or	Dijon	4	3	6	18	4	35	7	1,1	0,4	1,0
36	Cher	Bourges	2	9	3	7	2	23	5	1,8	0,0	1,1
37	Vienne	Poitiers*	»	1	»	»	1	»	»	»	»	»
38	Charente-inférieure	Rochefort	3	–	2	1	3	9	2	0,9	0,6	0,6
39	Gironde	Bordeaux	4	5	8	10	14	41	8	0,4	0,3	0,3
40	Dordogne	Périgueux	–	–	4	6	–	10	2	0,3	0,6	0,6
41	Charente	Angoulême	3	9	1	–	–	13	3	0,8	1,6	0,8
42	Haute-Vienne	Limoges	7	2	3	3	–	15	3	0,8	0,9	0,4
43	Puy-de-Dôme	Clermont-Ferrand	11	–	1	4	7	23	5	1,0	0,8	1,0
44	Allier	Montluçon	–	–	3	3	–	6	1	1,0	0,3	0,3
45	Saône-et-Loire	Le Creusot	11	–	–	6	1	18	4	2,2	1,3	1,3
46	Loire	Roanne	1	–	1	1	–	3	1	1,3	1,2	0,3
47		Saint-Étienne	8	5	7	22	12	54	11	1,1	0,9	0,8
48	Rhône	Lyon	36	14	13	26	32	121	24	0,8	0,6	0,5
49	Isère	Grenoble	5	2	9	6	3	25	5	0,9	0,6	0,7
50	Alpes-maritimes	Nice	–	–	–	1	1	2	0,4	0,5	0,2	0,0
51	Var	Toulon	12	1	4	7	2	26	5	0,4	0,5	0,5
52	Vaucluse	Avignon	3	3	1	–	–	7	1	0,5	0,9	0,2
53	Gard	Nîmes	11	–	1	1	–	13	3	0,3	0,5	0,4
54	Bouches-du-Rhône	Marseille	63	14	11	5	8	101	20	0,3	0,6	0,4
55		Montpellier	11	5	6	4	–	26	5	0,3	0,3	0,7
56	Hérault	Cette	2	–	–	6	–	8	2	0,0	0,3	0,6
57		Béziers	3	–	–	–	1	4	1	0,7	0,0	0,2
58	Pyrénées-orientales	Perpignan	4	–	1	1	–	6	1	0,9	0,3	0,3
59	Haute-Garonne	Toulouse	4	–	3	7	2	16	3	0,3	0,6	0,2
60	Basses-Pyrénées	Pau	–	–	–	–	2	2	0,4	0,6	0,3	0,1

(*) Renseignements incomplets pour tout ou partie des périodes.

IV. — RÉSULTATS GÉNÉRAUX ET RÉCAPITULATIFS PAR PÉRIODES

		PÉRIODE 1886-90 5 ans (sauf exceptions indiquées).			PÉRIODE 1891-95 5 ans.			PÉRIODE 1896-1900 5 ans.		
		NOMBRES ABSOLUS		Proportion pour 10.000 habit.	**NOMBRES ABSOLUS**		Proportion pour 10.000 habit.	**NOMBRES ABSOLUS**		Proportion pour 10.000 habit.
		Total.	Moyenne annuelle.		Total.	Moyenne annuelle.		Total.	Moyenne annuelle.	
I Répartition générale par périodes.	Villes de plus de 30.000 hab..	2.584	517	0,8	2.152	430	0,6	1.837	367	0,5
	Villes de 10.001 à 30.000 hab..	1.166	233	0,8	1.331	266	0,5	1.230	246	0,4
	Villes de 5.001 à 10.000 hab.. (*) 2 ans.	*288	144	0,6						
	Totaux..........	4.038	894	0,7	3.483	696	0,5	3.067	613	0,5
	Proportions extrêmes...	0,9 — 0,6			0,6 — 0,5			0,6 — 0,3		
	Proportion par rapport au nombre des décès de toutes causes.	0,3 o/o — 1 sur 323,6			0,2 o/o — 1 sur 420			0,2 o/o — 1 sur 462,5		
II Répartition par groupes de villes.	I. Paris....................	1.213	243	1,0	866	173	0,7	753	150	0,6
	II. Villes de 100.001 à 467.000 h.	651	130	0,6	590	118	0,5	438	88	0,4
	III. Villes de 30.001 à 100.000 h.	720	144	0,7	696	139	0,6	646	129	0,5
	IV. Villes de 20.001 à 30.000 h.	474	95	0,8	346	69	0,5	285	57	0,4
	V. Villes de 10.001 à 20.000 h.	692	138	0,7	477	95	0,5	381	76	0,4
	VI. Villes de 5.001 à 10.000 h. (*) 2 ans.	*288	144	0,6	508	102	0,4	564	113	0,5
III Répartition par groupes d'âges dans les villes de plus de 30.000 habit. Proport. p. 10.000 de ch. groupe.	de 0 à 1 an..................	*164	41	4,6	116	23	2,3	86	17	1,6
	de 1 à 19 ans...............	1.337	334	1,8	1.543	309	1,5	1.279	256	1,2
	de 20 à 39 ans...............	319	80	0,3	434	87	0,3	408	81	0,3
	de 40 à 59 ans...............	50	12	0,1	47	9	0,0	48	10	0,0
	de 60 ans et au-dessus....... (*) 1re période : 4 ans (1887-90).	10	2	0,0	12	2	0,0	16	3	0,0

IV — Répartition par villes de plus de 30.000 habit. Moyennes annuelles et proportions pour 10.000 habit.

Moyenne générale annuelle... : de 0 décès à 2,6 | de 0 décès à 1,7 | de 0 décès à 1,8

Villes ayant présenté une moyenne supérieure à 0,9 :

PÉRIODE 1886-90	PÉRIODE 1891-95	PÉRIODE 1896-1900
Dunkerque 1,0		
Roubaix 1,3		
Douai 1,0		
Amiens 1,3		
Saint-Quentin 1,0		
Orléans 1,6	Orléans 1,2	
Boulogne-s-Seine . 1,3	Versailles 1,7	Versailles 1,0
Paris 1,0		Saint-Ouen 1,8
Saint-Denis 1,2		Saint-Denis 1,0
Reims 1,4	Levallois.......... 1,4	
Besançon.......... 2,6	Nancy............. 1,3	
Dijon 1,1		Dijon 1,0
Bourges 1,8		Bourges,.......... 1,1
Clermont-Ferrand . 1,0	Angoulême.:....... 1,6	Clermont-Ferrand.. 1,0
Montluçon......... 1,0		
Le Creusot........ 2,2	Le Creusot........ 1,3	Le Creusot 1,3
Roanne 1,3	Roanne 1,2	
Saint-Étienne..... 1,1		
Tourcoing 0,0		Tourcoing......... 0,1
		Roubaix........... 0,1
		Douai............. 0,0
		Saint-Quentin 0,1

Villes ayant présenté une moyenne inférieure à 0,2 ou n'ayant eu aucun décès :

PÉRIODE 1886-90	PÉRIODE 1891-95	PÉRIODE 1896-1900
	Brest 0,1	Nantes............ 0,1
	Lorient 0,0	Troyes 0,0
	Saint-Nazaire 0,0	Nice 0,0
	Bourges.......... 0,0	Pau 0,1
Cette 0,0	Béziers 0,0	

IX

DÉCÈS PAR COQUELUCHE

DE 1896 A 1900

et comparaison avec les deux périodes précédentes.

NOMBRES ABSOLUS ET PROPORTIONNELS

Villes de plus de 5.000 habitants.

I. — RÉPARTITION GÉNÉRALE ANNUELLE PAR GROUPES DE VILLES

Villes de plus de 30.000 habitants.

II. — RÉPARTITION ANNUELLE PAR GROUPES DE VILLES ET PAR AGES

III. — RÉPARTITION PAR VILLES

IV. — RÉSULTATS GÉNÉRAUX ET RÉCAPITULATIFS

DÉCÈS PAR COQUELUCHE DE 1896 A 1900

GROUPES DE VILLES	D'AGE	1896 Nombre absolu.	1896 Proportion.	1897 Nombre absolu.	1897 Proportion.	1898 Nombre absolu.	1898 Proportion.	1899 Nombre absolu.	1899 Proportion.	1900 Nombre absolu.	1900 Proportion.

I. — RÉPARTITION GÉNÉRALE PAR GROUPES DE VILLES DE PLUS DE 5.000 HABITANTS

PROPORTIONS POUR 10.000 HABITANTS

Groupes de villes	1896 Nombre absolu.	Proportion.	1897 Nombre absolu.	Proportion.	1898 Nombre absolu.	Proportion.	1899 Nombre absolu.	Proportion.	1900 Nombre absolu.	Proportion.
I. Paris	277	1,1	267	1,0	392	1,5	391	1,5	204	0,8
II. Villes de 100.001 à 467.000 habitants	279	1,2	205	0,9	307	1,3	321	1,3	145	0,6
III. Villes de 30.001 à 100.000 habitants	281	1,2	222	0,9	307	1,2	296	1,2	253	1,0
IV. Villes de 20.001 à 30.000 habitants	77	0,6	124	0,9	109	0,8	149	1,0	85	0,6
V. Villes de 10.001 à 20.000 habitants	111	0,6	139	0,7	170	0,9	190	1,0	107	0,5
VI. Villes de 5.001 à 10.000 habitants	407	1,8	302	1,3	206	1,2	428	1,8	311	1,3
TOTAUX GÉNÉRAUX (Villes de plus de 10.000 h.)	1.025	1,0	957	0,9	1.285	1,2	1.347	1,2	794	0,7
TOTAUX GÉNÉRAUX (Villes de plus de 5.000 h.)	1.432	1,1	1.259	1,0	1.581	1,2	1.775	1,3	1.105	0,8

II. — RÉPARTITION PAR GROUPES D'AGES DANS LES VILLES DE PLUS DE 30.000 HABITANTS

PROPORTIONS POUR 10.000 INDIVIDUS DE CHAQUE GROUPE

Groupes de villes	Groupes d'âge	1896 Nombre absolu.	Proportion.	1897 Nombre absolu.	Proportion.	1898 Nombre absolu.	Proportion.	1899 Nombre absolu.	Proportion.	1900 Nombre absolu.	Proportion.
I. Paris	de 0 à 1 an	118	37,2	105	32,5	151	45,8	147	43,8	84	24,6
	de 1 à 19 ans	159	2,5	159	2,4	241	3,6	244	3,6	119	1,8
	de 20 à 39 ans	–	–	1	0,0	–	–	–	–	1	0,0
	de 40 à 59 ans	–	–	1	0,0	–	–	–	–	–	–
	de 60 ans et au-dessus	–	–	1	0,0	–	–	–	–	–	–
II. Villes de 100.001 à 467.000 habit.	de 0 à 1 an	141	40,1	106	30,0	144	40,5	174	48,7	79	21,9
	de 1 à 19 ans	138	2,0	99	1,4	163	2,3	146	2,0	66	0,9
	de 20 à 39 ans	–	–	–	–	–	–	–	–	–	–
	de 40 à 59 ans	–	–	–	–	–	–	1	0,0	–	–
	de 60 ans et au-dessus	–	–	–	–	–	–	–	–	–	–
III. Villes de 30.001 à 100.000 habit.	de 0 à 1 an	141	38,7	118	32,0	162	43,3	141	37,3	138	36,0
	de 1 à 19 ans	140	1,9	104	1,4	145	1,9	152	1,9	115	1,5
	de 20 à 39 ans	–	–	–	–	–	–	1	0,0	–	–
	de 40 à 59 ans	–	–	–	–	–	–	2	0,0	–	–
	de 60 ans et au-dessus	–	–	–	–	–	–	–	–	–	–

	Années.	0 à 1 an.	1 à 19 ans.	20 à 39 ans.	40 à 59 ans.	60 ans et au-dessus.
RÉCAPITULATION PAR PÉRIODES (Nombres absolus.)	1896	400	437	–	–	–
	1897	329	362	1	1	1
	1898	457	549	–	–	–
	1899	462	542	1	3	–
	1900	301	300	1	–	–
TOTAUX	(5 ans.)	1.949	2.190	3	4	1

III. — RÉPARTITION DANS LES VILLES DE PLUS DE 30.000 HABITANTS

PROPORTIONS POUR 10.000 HABITANTS PAR COMPARAISON AVEC LES DEUX PÉRIODES PRÉCÉDENTES

NUMÉROS D'ORDRE	DÉPARTEMENTS par GROUPEMENT GÉOGRAPHIQUE du nord au sud.	NOMS DES VILLES	NOMBRES ABSOLUS							PROPORTION		
			1896	1897	1898	1899	1900	TOTAL	MOYENNE annuelle.	1886-90	1891-95	1898-1900
1	Nord	DUNKERQUE	27	5	23	18	29	102	20	8,6	7,9	5,0
2		TOURCOING	27	5	19	17	22	90	18	3,8	3,2	2,3
3		ROUBAIX	14	42	28	33	21	138	28	4,4	3,3	2,2
4		LILLE	87	47	49	128	13	324	65	3,7	3,6	3,0
5		DOUAI	1	12	15	11	15	54	11	4,0	4,8	3,3
6	Pas-de-Calais	CALAIS	11	–	20	7	24	62	12	2,6	1,8	2,1
7		BOULOGNE-SUR-MER	-	20	29	2	3	54	11	2,9	3,0	2,3
8	Somme	AMIENS	1	2	3	4	2	12	2	1,2	0,6	0,2
9	Aisne	SAINT-QUENTIN	3	–	5	1	2	11	2	6,5	1,0	0,4
10	Seine-inférieure	LE HAVRE	43	-	30	44	2	119	24	1,9	2,2	1,9
11		ROUEN	14	9	5	23	7	58	12	0,6	1,2	1,0
12	Calvados	*Caen**	8	2	–	1	2	13	3	»	0,6	0,7
13	Manche	*Cherbourg**	2	1	2	2	8	15	3	»	1,2	0,7
14	Ille-et-Vilaine	RENNES	11	4	12	7	-	34	7	1,0	0,9	1,0
15	Finistère	BREST	8	1	2	8	1	20	4	1,1	0,7	0,5
16	Morbihan	LORIENT	4	15	6	2	8	35	7	2,4	1,7	1,6
17	Loire-inférieure	SAINT-NAZAIRE	2	7	1	3	2	15	3	2,5	2,3	0,9
18		NANTES	10	11	13	3	9	46	9	0,9	1,0	0,7
19	Maine-et-Loire	*Angers**	»	»	»	4	»	»	»	»	»	»
20	Sarthe	LE MANS	-	15	3	4	1	23	5	0,3	0,5	0,8
21	Indre-et-Loire	TOURS	-	1	-	3	-	4	1	1,2	0,5	0,1
22	Loiret	ORLÉANS	1	3	4	6	2	16	3	0,8	1,1	0,4
23	Seine-et-Oise	VERSAILLES	7	2	5	4	1	19	4	1,2	0,6	0,7
24		BOULOGNE-SUR-SEINE	11	6	10	18	6	51	10	2,3	1,7	2,4
25		PARIS	277	267	392	391	204	1.531	306	1,9	1,5	1,2
26		NEUILLY-SUR-SEINE	2	–	6	4	2	14	3	1,8	1,6	0,9
27	Seine	LEVALLOIS-PERRET	-	1	5	5	3	14	3	1,3	0,7	0,6
28		CLICHY	13	8	5	15	5	46	9	4,6	2,2	2,5
29		SAINT-OUEN	6	9	13	3	12	43	9	4,3	1,8	2,7
30		SAINT-DENIS	19	24	24	9	10	86	17	3,3	2,3	2,9
31	Aube	TROYES	2	7	-	2	–	11	2	1,2	0,2	0,4
32	Marne	REIMS	4	17	46	18	9	94	19	3,3	2,1	1,7
33	Meurthe-et-Moselle	NANCY	20	1	8	14	12	55	11	1,6	0,9	1,1
34	Doubs	BESANÇON	–	1	-	2	–	3	1	1,1	0,7	0,2
35	Côte-d'or	DIJON	3	–	2	4	2	11	2	0,8	0,3	0,3
36	Cher	BOURGES	1	–	6	2	1	10	2	1,6	0,7	0,4
37	Vienne	*Poitiers**	1	3	2	18	–	24	5	»	»	1,3
38	Charente-inférieure	ROCHEFORT	–	–	–	–	1	1	0,2	0,3	0,3	0,0
39	Gironde	BORDEAUX	12	7	45	11	26	101	20	1,8	1,1	0,8
40	Dordogne	PÉRIGUEUX	11	2	8	1	–	22	4	2,7	2,2	1,3
41	Charente	ANGOULÊME	2	1	14	2	–	19	4	0,8	1,3	1,0
42	Haute-Vienne	LIMOGES	–	12	23	12	14	61	12	2,1	2,6	1,5
43	Puy-de-Dôme	CLERMONT-FERRAND	-	–	–	–	-	–	-	0,8	0,2	-
44	Allier	MONTLUÇON	18	4	6	17	6	51	10	2,2	2,6	3,0
45	Saône-et-Loire	LE CREUSOT	3	7	–	3	4	17	3	0,7	2,0	1,0
46		ROANNE	3	2	1	1	1	8	2	0,7	1,2	0,6
47	Loire	SAINT-ÉTIENNE	18	16	7	9	8	58	12	1,0	0,8	0,8
48	Rhône	LYON	28	20	31	27	18	124	25	0,8	0,7	0,5
49	Isère	GRENOBLE	13	8	1	–	18	40	8	0,7	1,1	1,2
50	Alpes-maritimes	NICE	5	7	5	5	11	33	7	1,0	0,6	0,7
51	Var	TOULON	5	–	9	13	2	29	6	0,7	0,7	0,6
52	Vaucluse	AVIGNON	9	8	1	7	7	32	6	1,4	0,7	1,3
53	Gard	NIMES	12	1	5	7	2	27	5	1,3	0,9	0,6
54	Bouches-du-Rhône	MARSEILLE	20	25	38	16	11	110	22	1,4	1,1	0,5
55		MONTPELLIER	3	15	1	–	7	26	5	0,1	0,8	0,7
56	Hérault	CETTE	2	5	1	-	7	15	3	0,8	0,9	0,9
57		BÉZIERS	5	1	–	30	3	39	8	3,2	0,6	1,6
58	Pyrénées-orientales	PERPIGNAN	2	–	5	3	–	10	2	0,9	0,6	0,6
59	Haute-Garonne	*Toulouse**	24	4	10	4	10	52	10	0,6	0,5	0,7
60	Basses-Pyrénées	PAU	2	1	2	-	6	11	2	0,6	0,6	0,6

(*) Renseignements incomplets pour tout ou partie des périodes.

IV. — RÉSULTATS GÉNÉRAUX ET RÉCAPITULATIFS PAR PÉRIODES

| | | PÉRIODE 1886-90 5 ans (sauf exceptions indiquées). | | | PÉRIODE 1891-95 5 ans. | | | PÉRIODE 1896-1900 5 ans. | | |
| | | NOMBRES ABSOLUS | | Pro-portion pour 10.000 habit. | NOMBRES ABSOLUS | | Pro-portion pour 10.000 habit. | NOMBRES ABSOLUS | | Pro-portion pour 10.000 habit. |
		Total.	Moyenne an-nuelle.		Total.	Moyenne an-nuelle.		Total.	Moyenne an-nuelle.	
I Répartition générale par périodes.	Villes de plus de 30.000 hab ..	5.561	1.112	1,7	4.885	977	1,4	4.147	829	1,1
	Villes de 10.001 à 30.000 hab.	2.460	492	1,6	3.655	731	1,3	3.005	601	1,0
	Villes de 5.001 à 10.000 hab ..	*1.094	547	2,4						
	(*) 2 ans.									
	TOTAUX.........	9.115	2.151	1,8	8.540	1.708	1,4	7.152	1.430	1,1
	Proportions extrêmes ...	1,9 en 1886-90 1,7 en 1889			1,5 en 1891 1,3 en 1892-94-95			1,3 en 1899 0,8 en 1900		
	Proportions par rapport au nombre des décès de toutes causes.	0,7 o/o 1 sur 134,5			0,6 o/o 1 sur 171,1			0,5 o/o 1 sur 198,3		
II Répartition par groupes de villes.	I. Paris	2.259	452	1,9	1.852	370	1,5	1.531	306	1,2
	II. Villes de 100.001 à 467.000 h	1.758	352	1,7	1.580	316	1,4	1.257	251	1,0
	III. Villes de 30.001 à 100.000 h.	1.544	309	1,5	1.453	291	1,2	1.359	272	1,1
	IV. Villes de 20.001 à 30.000 h.	1.183	236	1,9	716	143	1,1	544	108	0,8
	V. Villes de 10.001 à 20.000 h.	1.277	255	1,4	991	198	1,1	717	145	0,7
	VI. Villes de 5.001 à 10.000 h.	*1.094	547	2,4	1.948	390	1,7	1.744	348	1,5
	(*) 2 ans.									
III Répartition par groupes d'âges dans les villes de plus de 30.000 habit. proport. p. 10.000 de ch. groupe	de 0 à 1 an............	*2.001	500	56,2	2.226	445	44,9	1.949	390	36,8
	de 1 à 19 ans............	2.287	572	3,1	2.654	530	2,6	2.190	438	2,0
	de 20 à 39 ans.........	6	1	0,0	6	1	0,0	3	0,6	0,0
	de 40 à 59 ans.........	2	0,5	0,0	2	0,4	0,0	4	1	0,0
	de 60 ans et au-dessus	-	-	-	-	-	-	1	0,2	0,0
	(*) 1re période : 4 ans (1887-90).									

IV — Répartition par villes de plus de 30.00 habit. Moyennes annuelles et proportions pour 10.000 habit.

	PÉRIODE 1886-90		PÉRIODE 1891-95		PÉRIODE 1896-1900	
Moyenne générale annuelle...	de 0,1 à 8,6		de 0,2 à 7,9		de 0 décès à 5,0	
Villes ayant présenté une moyenne supérieure à 1,9	Dunkerque	8,6	Dunkerque	7,9	Dunkerque	5,0
	Tourcoing	3,8	Tourcoing	3,2	Tourcoing	2,3
	Roubaix	4,4	Roubaix	3,3	Roubaix	2,2
	Lille	3,7	Lille	3,6	Lille	3,0
	Douai	4,0	Douai	4,8	Douai	3,3
	Calais	2,6			Calais	2,1
	Boulogne-s-mer	2,9	Boulogne-s-mer	3,0	Boulogne-s-mer	2,3
	Saint-Quentin	6,5	Le Havre	2,2		
	Lorient	2,4	Nantes	2,3		
	Saint-Nazaire	2,5				
	Boulogne-s-Seine	2,3			Boulogne-s-Seine	2,4
	Clichy	4,6	Clichy	2,2	Clichy	2,5
	Saint-Ouen	4,3			Saint-Ouen	2,7
	Saint-Denis	3,3	Saint-Denis	2,3	Saint-Denis	2,9
	Reims	3,3	Reims	2,1		
	Périgueux	2,7	Périgueux	2,2		
	Limoges	2,1	Limoges	2,6		
	Montluçon	2,2	Montluçon	2,6	Montluçon	3,0
	Béziers	3,2	Le Creusot	2,0		
	Le Mans	0,3	Le Mans	0,5	Amiens	0,2
Villes ayant présenté une moyenne inférieure à 0,6 ou n'ayant eu aucun décès...........					Saint-Quentin	0,4
					Brest	0,5
			Tours	0,5	Tours	0,1
					Orléans	0,4
			Troyes	0,2	Troyes	0,4
					Besançon	0,2
			Dijon	0,3	Dijon	0,3
					Bourges	0,4
			Rochefort	0,3	Rochefort	0,0
	Rochefort	0,3	Clermont-Ferrand	0,2	Clermont-Ferrand	-
	Montpellier	0,1	Toulouse	0,5	Lyon	0,5
					Marseille	0,5

X

DÉCÈS PAR MALADIES ÉPIDÉMIQUES

(ENSEMBLE DES DÉCÈS CAUSÉS PAR LA FIÈVRE TYPHOÏDE, LA DIPHTÉRIE, LA ROUGEOLE, LA VARIOLE, LA SCARLATINE ET LA COQUELUCHE)

DE 1896 A 1900

et comparaison avec les deux périodes précédentes.

NOMBRES ABSOLUS ET PROPORTIONNELS

Villes de plus de 5.000 habitants.

I. — RÉPARTITION GÉNÉRALE ANNUELLE PAR GROUPES DE VILLES

Villes de plus de 30.000 habitants.

II. — RÉPARTITION ANNUELLE PAR GROUPES DE VILLES ET PAR AGES

III. — RÉPARTITION PAR VILLES

IV. — RÉSULTATS GÉNÉRAUX ET RÉCAPITULATIFS

DÉCÈS PAR MALADIES ÉPIDÉMIQUES DE 1896 A 1900

(ENSEMBLE DES DÉCÈS CAUSÉS PAR LA FIÈVRE TYPHOÏDE, LA DIPHTÉRIE, LA ROUGEOLE, LA VARIOLE, LA SCARLATINE ET LA COQUELUCHE)

I. — RÉPARTITION GÉNÉRALE PAR GROUPES DE VILLES DE PLUS DE 5.000 HABITANTS

PROPORTIONS POUR 10.000 HABITANTS

GROUPES DE VILLES	1896 Nombre absolu	1896 Proportion	1897 Nombre absolu	1897 Proportion	1898 Nombre absolu	1898 Proportion	1899 Nombre absolu	1899 Proportion	1900 Nombre absolu	1900 Proportion
I. Paris	1.833	7,3	1.712	6,7	1.926	7,5	2.654	10,2	2.651	10,1
II. Villes de 100.001 à 467.000 habitants	2.904	12,3	2.108	8,9	2.138	8,9	2.604	10,8	2.726	11,3
III. Villes de 30.001 à 100.000 habitants	2.605	10,7	1.988	8,1	2.192	8,8	2.541	10,1	2.406	9,4
IV. Villes de 20.001 à 30.000 habitants	1.001	7,3	1.063	7,7	928	6,6	1.196	8,4	1.225	8,5
V. Villes de 10.001 à 20.000 habitants	1.498	8,0	1.062	5,6	1.287	6,7	1.560	8,0	1.354	6,9
VI. Villes de 5.001 à 10.000 habitants	1.877	8,1	1.491	6,4	1.572	6,7	2.008	8,4	1.631	6,8
TOTAUX GÉNÉRAUX. Villes de plus de 10.000 h.	9.841	9,3	7.933	7,4	8.471	7,9	10.555	9,7	10.362	9,4
TOTAUX GÉNÉRAUX. Villes de plus de 5.000 h.	11.718	9,1	9.424	7,2	10.043	7,6	12.563	9,5	11.993	8,9

II. — RÉPARTITION PAR GROUPES D'AGES DANS LES VILLES DE PLUS DE 30.000 HABITANTS

PROPORTIONS POUR 10.000 INDIVIDUS DE CHAQUE GROUPE

GROUPES	D'AGE	1896 Nombre absolu	1896 Proportion	1897 Nombre absolu	1897 Proportion	1898 Nombre absolu	1898 Proportion	1899 Nombre absolu	1899 Proportion	1900 Nombre absolu	1900 Proportion
I. Paris	de 0 à 1 an	340	107,1	355	109,8	419	127,2	402	119,9	358	104,9
	de 1 à 19 ans	1.264	19,6	1.181	18,1	1.307	19,8	1.655	24,8	1.507	22,3
	de 20 à 39 ans	173	1,7	137	1,3	152	1,5	495	4,7	584	5,5
	de 40 à 59 ans	39	0,6	29	0,5	35	0,6	86	1,4	167	2,6
	de 60 ans et au-dessus	17	0,8	10	0,5	13	0,6	16	0,8	35	1,7
II. Villes de 101.001 à 467.000 habit.	de 0 à 1 an	494	140,5	311	87,9	402	113,1	402	112,4	324	90,1
	de 1 à 19 ans	1.770	25,3	1.269	18,1	1.190	16,8	1.472	20,7	1.428	20,0
	de 20 à 39 ans	476	5,4	425	4,8	439	5,0	564	6,4	719	8,1
	de 40 à 59 ans	138	2,5	90	1,6	86	1,6	129	2,3	204	3,7
	de 60 ans et au-dessus	26	1,2	13	0,6	21	1,0	37	1,7	51	2,3
III. Villes de 30.001 à 100.000 habit.	de 0 à 1 an	397	109,0	328	88,9	376	100,6	373	98,6	377	98,4
	de 1 à 19 ans	1.465	19,6	1.095	14,4	1.155	15,0	1.308	16,8	1.216	15,4
	de 20 à 39 ans	590	6,5	483	5,3	550	5,9	705	7,5	628	6,6
	de 40 à 59 ans	127	2,5	67	1,3	88	1,7	126	2,4	140	2,6
	de 60 ans et au dessus	26	1,1	15	0,6	23	1,0	29	1,2	45	1,6

	Années.	0 à 1 an.	1 à 19 ans.	20 à 39 ans.	40 à 59 ans.	60 ans et au-dessus.
RÉCAPITULATION PAR PÉRIODES (Nombres absolus.)	1896	1.231	4.499	1.239	304	69
	1898	994	3.545	1.045	186	38
	1897	1.197	3.652	1.141	209	57
	1899	1.177	4.435	1.764	341	82
	1900	1.059	4.151	1.931	511	131
TOTAUX	(5 ans.)	5.658	20.282	7.120	1.551	377

III. — RÉPARTITION DANS LES VILLES DE PLUS DE 30.000 HABITANTS

PROPORTIONS POUR 10.000 HABITANTS PAR COMPARAISON AVEC LES DEUX PÉRIODES PRÉCÉDENTES

NUMÉROS D'ORDRE	DÉPARTEMENTS par GROUPEMENT GÉOGRAPHIQUE du nord au sud.	NOMS DES VILLES	NOMBRES ABSOLUS							PROPORTION		
			1896	1897	1898	1899	1900	TOTAL	MOYENNE annuelle.	1886-90	1891-95	1896-1900
1		DUNKERQUE	52	13	75	34	104	278	56	24,1	28,5	14,1
2		TOURCOING	101	59	51	87	71	369	74	19,3	20,5	9,7
3	Nord	ROUBAIX	184	158	149	122	112	725	145	18,2	20,0	11,6
4		LILLE	230	256	284	233	112	1.115	223	20,2	18,9	10,5
5		DOUAI	14	25	35	16	41	131	26	19,0	13,8	7,9
6	Pas-de-Calais	CALAIS	47	21	134	47	46	295	59	25,1	11,3	10,2
7		BOULOGNE-SUR-MER	104	31	73	28	21	257	51	22,1	17,5	10,6
8	Somme	AMIENS	73	46	42	61	52	274	55	21,2	8,8	6,1
9	Aisne	SAINT-QUENTIN	22	22	27	11	34	116	23	16,4	5,8	4,6
10	Seine-inférieure	LE HAVRE	188	65	230	198	379	1.060	212	34,2	23,7	17,0
11		ROUEN	150	95	59	138	92	534	107	19,6	22,7	9,3
12	Calvados	Caen*	39	10	27	21	21	118	24	»	8,5	5,3
13	Manche	Cherbourg*	74	59	69	120	61	383	77	»	22,0	18,3
14	Ille-et-Vilaine	RENNES	74	33	61	117	56	341	68	17,2	11,2	9,5
15	Finistère	BREST	74	110	69	91	67	411	82	33,2	21,4	10,5
16	Morbihan	LORIENT	72	73	65	166	46	422	84	51,6	17,4	19,5
17	Loire-inférieure	SAINT-NAZAIRE	18	42	11	22	28	121	24	28,3	11,1	7,2
18		NANTES	147	50	76	81	134	488	98	14,6	11,3	7,6
19	Maine-et-Loire	Angers*	3	4	3	12	10	»	»	»	»	»
20	Sarthe	LE MANS	21	91	31	26	26	195	39	14,3	8,1	6,3
21	Indre-et-Loire	TOURS	90	37	80	44	21	272	54	20,9	11,2	8,4
22	Loiret	ORLÉANS	52	38	44	78	27	239	46	12,1	10,8	6,9
23	Seine-et-Oise	VERSAILLES	46	26	21	41	81	215	43	13,9	10,4	7,9
24		BOULOGNE-S-SEINE	49	40	36	77	52	254	51	22,7	17,3	12,5
25		PARIS	1.833	1.712	1.926	2.654	2.651	10.776	2.155	20,4	12,7	8,3
26		NEUILLY-SUR-SEINE	18	9	18	29	24	98	20	13,0	10,8	5,7
27	Seine	LEVALLOIS-PERRET	24	21	50	34	34	163	33	25,7	16,3	6,3
28		CLICHY	33	58	44	71	47	253	51	30,9	18,5	14,0
29		SAINT-OUEN	23	32	74	19	40	188	38	29,1	15,6	14,5
30		SAINT-DENIS	60	73	60	57	73	323	65	26,5	15,3	11,3
31	Aube	TROYES	125	61	24	14	15	239	48	17,2	10,5	9,1
32	Marne	REIMS	91	60	213	81	105	550	110	27,2	18,1	10,2
33	Meurthe-et-Moselle	NANCY	110	76	83	148	77	494	99	13,4	17,1	10,0
34	Doubs	BESANÇON	33	49	35	19	8	144	29	22,3	11,7	5,1
35	Côte-d'Or	DIJON	33	25	38	59	79	234	47	9,0	7,3	6,8
36	Cher	BOURGES	13	18	36	30	22	119	24	17,9	5,2	5,3
37	Vienne	Poitiers*	20	36	35	83	31	205	41	»	»	10,4
38	Charente-inférieure	ROCHEFORT	24	10	55	26	28	143	29	25,5	11,3	8,9
39	Gironde	BORDEAUX	164	106	182	182	205	839	168	17,0	12,6	6,5
40	Dordogne	PÉRIGUEUX	33	5	28	21	17	104	21	21,3	17,4	6,7
41	Charente	ANGOULÊME	52	34	43	32	23	184	37	26,3	14,0	9,8
42	Haute-Vienne	LIMOGES	35	73	84	60	44	296	59	16,6	21,9	7,3
43	Puy-de-Dôme	CLERMONT-FERRAND	28	22	16	27	30	123	25	15,0	10,4	4,8
44	Allier	MONTLUÇON	29	12	19	35	29	124	25	15,1	10,3	7,5
45	Saône-et-Loire	LE CREUSOT	28	16	9	16	11	80	16	25,4	8,6	5,1
46		ROANNE	15	18	12	12	8	65	13	10,6	13,2	3,8
47	Loire	SAINT-ÉTIENNE	174	82	109	107	142	614	123	20,5	11,5	8,7
48	Rhône	LYON	263	231	269	280	334	1.377	275	13,1	9,4	5,9
49	Isère	GRENOBLE	58	56	30	29	75	248	50	27,7	10,6	7,5
50	Alpes-maritimes	NICE	61	92	172	89	109	523	105	28,0	8,9	9,9
51	Var	TOULON	259	102	138	200	332	1.031	206	24,5	21,2	20,9
52	Vaucluse	AVIGNON	75	42	41	64	53	275	55	21,6	11,5	12,0
53	Gard	NIMES	60	65	63	86	81	355	71	18,6	15,5	9,2
54	Bouches-du-Rhône	MARSEILLE	1.132	820	324	979	920	4.175	835	46,8	28,2	7,8
55		MONTPELLIER	79	170	74	53	154	530	206	31,9	15,6	14,2
56	Hérault	CETTE	220	50	43	59	74	446	89	50,6	21,5	27,1
57		BÉZIERS	32	26	31	92	74	255	51	41,8	12,5	10,2
58	Pyrénées-orientales	PERPIGNAN	45	40	28	48	36	197	39	29,4	12,2	11,0
59	Haute-Garonne	TOULOUSE	170	93	21	114	82	480	96	19,0	7,6	6,4
60	Basses-Pyrénées	PAU	16	9	27	19	22	93	19	10,8	7,3	5,6

(*) Renseignements incomplets pour tout ou partie des périodes.

DÉCÈS PAR MALADIES ÉPIDÉMIQUES DE 1886 A 1900
(FIÈVRE TYPHOÏDE, DIPHTÉRIE, ROUGEOLE, VARIOLE, SCARLATINE ET COQUELUCHE)
IV. — RÉSULTATS GÉNÉRAUX ET RÉCAPITULATIFS PAR PÉRIODES

| | | PÉRIODE 1886-90 5 ans (sauf exceptions indiquées). | | | PÉRIODE 1891-95 5 ans. | | | PÉRIODE 1896-1900 5 ans. | | |
		NOMBRES ABSOLUS		Proportion pour 10.000 habit.	NOMBRES ABSOLUS		Proportion pour 10.000 habit.	NOMBRES ABSOLUS		Proportion pour 10.000 habit.
		Total.	Moyenne annuelle.		Total.	Moyenne annuelle.		Total.	Moyenne annuelle.	
I Répartition générale par périodes.	Villes de plus de 30.000 hab..	71.431	14.286	22,1	50.179	10.036	14,2	34.988	6.998	9,4
	Villes de 10.001 à 30.000 hab.	28.722	5.744	18,8	32.428	6.485	12,0	20.753	4.150	7,3
	Villes de 5.001 à 10.000 hab	*7.786	3.893	17,1						
	(*) 2 ans.									
	TOTAUX	107.939	23.923	20,3	82.607	16.521	13,3	55.741	11.148	8,5
	Proportions extrêmes	25,0 en 1887 / 17,4 en 1889			15,8 en 1891 / 8,8 en 1895			9.5 en 1899 / 7,2 en 1897		
	Proportions par rapport au nombre des décès de toutes causes.	8,3 o/o 1 sur 12,1			5,6 o/o 1 sur 17,7			3,9 o/o 1 sur 25,4		
II Répartition par groupes de villes.	I. Paris	23.930	4.786	20,6	15.662	3.132	12,7	10.776	2.155	8,4
	II. Villes de 100.001 à 467.000 h.	24.906	4.981	24,2	18.587	3.717	17,0	12.480	2.496	10,4
	III. Villes de 30.001 à 100.000 h.	22.595	4.519	21,9	15.930	3.186	13,3	11.732	2.346	9,4
	IV. Villes de 20.001 à 30.000 h.	12.087	2.417	19,9	8.058	1.612	13,0	5.413	1.083	7,7
	V. Villes de 10.001 à 20.000 h.	16.635	3.327	18,1	10.594	2.119	11,5	6.761	1.352	7,0
	VI. Villes de 5.001 à 10.000 h.	*7.786	3.893	17,1	13.776	2.755	11,9	8.579	1.716	7,3
	(*) 2 ans.									
III Répartition par groupes d'âges dans les villes de plus de 30.000 habit. Proport. p. 10.000 déc. groupe.	de 0 à 1 an	*8.525	2.131	239,7	7.277	1.455	147,0	5.658	1.132	106,9
	de 1 à 19 ans	35.990	8.997	48,6	32.030	6.406	31,7	20.282	4.056	19,0
	de 20 à 39 ans	9.041	2.260	9,1	8.123	1.625	6,0	7.120	1.424	5,0
	de 40 à 59 ans	2.411	603	4,1	2.152	430	2,7	1.551	310	1,8
	de 60 ans et au-dessus	767	192	3,3	597	119	1,9	377	75	1,1
	(*) 1re période : 4 ans (1887-90).									

IV — Répartition par villes de plus de 30.000 habit. Moyennes annuelles et proportions pour 10.000 habit.

	PÉRIODE 1886-90	PÉRIODE 1891-95	PÉRIODE 1896-1900
Moyenne générale annuelle...	de 9,0 à 51,6.	de 5,2 à 28,5.	de 3,8 à 27,1.

Villes ayant présenté une moyenne supérieure à 25,0 :

PÉRIODE 1886-90 :
- Boulogne-sur-mer. 25,1.
- Le Havre 34,2
- Brest 33,2
- Lorient 51,6
- Saint-Nazaire 28,3
- Levallois-Perret 25,7
- Clichy 30,9
- Saint-Ouen 29,1
- Saint-Denis 26,5
- Reims 27,2
- Rochefort 25,5
- Angoulême 26,3
- Le Creusot 25,4
- Grenoble 27,7
- Nice 28,0
- Marseille 46,8
- Montpellier 31,9
- Cette 50,6
- Béziers 41,8
- Perpignan 29,4

PÉRIODE 1891-95 :
- Dunkerque 28,5
- Marseille 28,2

PÉRIODE 1896-1900 :
- Cette 27,1

Villes ayant présenté une moyenne inférieure à 6,0 :

PÉRIODE 1891-95 :
- Saint-Quentin 5,8
- Bourges 5,2

PÉRIODE 1896-1900 :
- Saint-Quentin 4,6
- Neuilly-sur-Seine 5,7
- Besançon 5,1
- Bourges 5,3
- Clermont-Ferrand 4,8
- Le Creusot 5,1
- Roanne 3,8
- Lyon 5,9
- Pau 5,6

XI

DÉCÈS PAR PHTISIE PULMONAIRE

(TUBERCULOSE DES POUMONS)

DE 1896 A 1900

et comparaison avec les deux périodes précédentes.

NOMBRES ABSOLUS ET PROPORTIONNELS

Villes de plus de 5.000 habitants.

I. — RÉPARTITION GÉNÉRALE ANNUELLE PAR GROUPES DE VILLES

Villes de plus de 30.000 habitants.

II. — RÉPARTITION ANNUELLE PAR GROUPES DE VILLES ET PAR AGES

III. — RÉPARTITION MENSUELLE

IV. — RÉPARTITION PAR VILLES

V. — RÉSULTATS GÉNÉRAUX ET RÉCAPITULATIFS

DÉCÈS PAR PHTISIE PULMONAIRE DE 1896 A 1900.

GROUPES		1896		1897		1898		1899		1900	
DE VILLES	D'AGE	Nombre absolu.	Proportion.	Nombre absolu.	Proportion.	Nombre absolu.	Proportion.	Nombre absolu.	Proportion.	Nombre absolu.	Proportion.

I. — RÉPARTITION GÉNÉRALE PAR GROUPES DE VILLES DE PLUS DE 5.000 HABITANTS

PROPORTIONS POUR 10.000 HABITANTS

	1896 Nombre absolu.	1896 Proportion.	1897 Nombre absolu.	1897 Proportion.	1898 Nombre absolu.	1898 Proportion.	1899 Nombre absolu.	1899 Proportion.	1900 Nombre absolu.	1900 Proportion.
I. Paris	9.765	38,9	9.298	36,6	9.653	37,5	9.897	38,0	10.072	38,3
II. Villes de 100.001 à 467.000 habitants	6.528	28,0	6.414	27,6	6.324	26,4	6.818	28,8	6.933	28,7
III. Villes de 30.001 à 100.000 habitants	6.072	25,1	5.920	24,1	6.027	24,2	5.970	23,7	6.412	25,1
IV. Villes de 20.001 à 30.000 habitants	2.857	20,9	2.721	19,5	2.640	18,8	2.848	20,0	2.865	19,9
V. Villes de 10.001 à 20.000 habitants	3.468	18,5	3.274	17,3	3.387	17,7	3.591	18,5	3.750	19,1
VI. Villes de 5.001 à 10.000 habitants	3.951	17,1	3.680	15,8	3.949	16,7	4.158	17,5	4.319	18,0
Totaux généraux { Villes de plus de 10.000 habitants	28.800	27,3	27.627	25,9	28.031	26,0	29.124	26,8	30.038	27,3
Totaux généraux { Villes de plus de 5.000 habitants	32.754	25,5	31.315	24,1	31.980	24,4	32.282	24,3	34.337	25,6

II. — RÉPARTITION PAR GROUPES D'AGES DANS LES VILLES DE PLUS DE 30.000 HABITANTS

PROPORTIONS POUR 10.000 INDIVIDUS DE CHAQUE GROUPE

		1896 Nombre absolu.	1896 Proportion.	1897 Nombre absolu.	1897 Proportion.	1898 Nombre absolu.	1898 Proportion.	1899 Nombre absolu.	1899 Proportion.	1900 Nombre absolu.	1900 Proportion.
I. Paris	de 0 à 1 an	50	15,7	48	14,4	56	17,0	59	17,6	41	12,0
	de 1 à 19 ans	997	15,4	990	15,0	923	13,9	960	14,4	907	13,4
	de 20 à 39 ans	4.873	47,8	4.531	43,9	4.784	45,8	4.928	46,7	4.998	46,8
	de 40 à 59 ans	3.210	52,9	3.117	50,4	3.270	52,8	3.285	52,5	3.420	54,2
	de 60 ans et au-dessus	535	30,9	612	29,4	621	29,8	665	31,8	700	33,6
II. Villes de 100.001 à 467.000 habitants	de 0 à 1 an	58	16,5	66	18,6	58	16,3	60	16,8	59	16,4
	de 1 à 19 ans	999	14,3	1.018	14,5	973	13,8	922	13,0	902	12,6
	de 20 à 39 ans	3.326	38,1	3.157	36,0	3.104	35,2	3.361	37,9	3.449	38,7
	de 40 à 59 ans	1.870	34,5	1.785	32,1	1.750	31,9	2.023	36,7	2.051	37,0
	de 60 ans et au-dessus	375	17,5	388	18,6	442	20,4	452	20,8	472	21,6
III. Villes de 30.001 à 100.000 habitants	de 0 à 1 an	41	11,3	45	12,2	62	16,6	35	9,2	46	12,0
	de 1 à 19 ans	860	11,5	934	12,3	873	11,4	833	10,7	915	11,6
	de 20 à 39 ans	3.207	35,6	3.044	33,4	3.124	33,8	3.117	33,3	3.278	24,0
	de 40 à 59 ans	1.616	31,9	1.563	30,5	1.631	31,4	1.661	31,6	1.815	34,1
	de 60 ans et au-dessus	348	15,1	334	14,3	337	14,3	324	13,5	358	14,8

ANNÉES	0 À 1 AN	1 À 19 ANS	20 À 39 ANS	40 À 59 ANS	60 ANS ET AU-DESSUS
RÉCAPITULATION PAR PÉRIODES. (Nombres absolus.) 1896	140	2.856	11.405	6.096	1.359
1897	159	2.942	10.732	6.405	1.334
1898	176	2.708	11.009	6.051	1.400
1899	154	2.715	11.406	6.969	1.441
1900	146	2.724	11.725	7.386	1.538
Totaux (5 ans.)	784	14.005	56.277	34.067	7.070

I. — RÉPARTITION MENSUELLE POUR L'ENSEMBLE DES VILLES AYANT PLUS DE 30.000 HABITANTS (Groupes I, II et III réunis).

PROPORTIONS POUR 100.000 HABITANTS

MOIS	1896		1897		1898		1899		1900	
	Nombre.	Proportion.	Nombre.	Proportion.	Nombre.	Proportion.	Nombre.	Proportion.	Nombre.	Proportion.
Janvier	1.921		1.951		1.952		1.782		2.067	
		26,32		26,46		26,21		23,69		27,20
Février	1.961		1.696		1.812		1.817		2.142	
		26,87		23,00		24,33		24,15		28,19
Mars	2.126		2.056		2.156		2.248		2.188	
		29,13		27,88		28,95		29,88		28,80
Avril	2.042		2.106		2.175		2.008		2.161	
		27,98		28,56		29,20		26,69		28,44
Mai	2.033		1.979		2.016		2.003		2.141	
		27,85		26,84		27,07		26,62		28,18
Juin	1.704		1.666		1.697		1.803		1.876	
		23,35		22,59		22,78		23,97		24,69
Juillet	1.810		1.647		1.605		1.661		1.810	
		24,80		22,34		21,55		22,08		23,82
Aout	1.800		1.639		1.689		1.811		1.832	
		24,66		22,23		22,68		24,07		24,11
Septembre	1.720		1.578		1.659		1.778		1.653	
		23,56		21,40		22,27		23,63		21,76
Octobre	1.799		1.729		1.737		1.939		1.923	
		24,65		23,45		23,32		25,77		25,31
Novembre	1.798		1.744		1.717		1.755		1.819	
		24,63		23,65		23,05		23,33		23,94
Décembre	1.751		1.841		1.789		2.080		1.805	
		23,99		24,97		24,02		27,65		23,76
Totaux	22.465		21.632		22.004		22.685		23.417	
		307,79		293,37		295,42		301,54		308,20

IV. — RÉPARTITION DANS LES VILLES DE PLUS DE 30.000 HABITANTS

PROPORTIONS POUR 10.000 HABITANTS PAR COMPARAISON AVEC LES DEUX PÉRIODES PRÉCÉDENTES.

NUMÉROS D'ORDRE	DÉPARTEMENTS par GROUPEMENT GÉOGRAPHIQUE du nord au sud.	NOMS DES VILLES	NOMBRES ABSOLUS						MOYENNE annuelle.	PROPORTION		
			1896	1897	1898	1899	1900	TOTAL		1887-90	1891-95	1896-1900
1		DUNKERQUE	126	115	105	86	106	538	108	28,2	24,0	27,3
2		TOURCOING	101	126	111	99	144	581	116	14,7	13,7	15,2
3	Nord	ROUBAIX	308	288	318	305	386	1.605	321	27,9	26,8	25,8
4		LILLE	758	762	727	758	743	3.748	750	32,7	30,1	35,2
5		DOUAI	86	107	98	109	116	516	103	29,7	29,9	31,4
6	Pas-de-Calais	CALAIS	192	176	197	190	228	983	197	33,0	29,8	33,9
7		BOULOGNE-SUR-MER	136	121	132	103	141	633	127	19,9	25,0	26,3
8	Somme	AMIENS	271	235	232	240	243	1.221	244	26,0	27,1	27,2
9	Aisne	SAINT-QUENTIN	113	114	130	106	49	512	102	23,4	18,0	20,6
10	Seine-inférieure	LE HAVRE	628	611	581	656	645	3.121	624	48,7	50,1	50,2
11		ROUEN	484	483	526	524	519	2.536	507	39,4	43,1	44,3
12	Calvados	Caen*	99	96	108	127	126	556	111	15,2	13,5	24,6
13	Manche	CHERBOURG	122	91	83	80	85	461	92	14,0	25,6	21,9
14	Ille-et-Vilaine	RENNES	190	184	165	193	212	944	189	25,1	28,0	26,3
15	Finistère	BREST	203	201	205	257	273	1.139	228	23,9	22,7	29,1
16	Morbihan	Lorient*	41	20	10	10	15	»	»	25,1	15,7	»
17	Loire-inférieure	SAINT-NAZAIRE	77	79	75	95	105	431	86	24,3	24,5	26,0
18		NANTES	447	413	407	397	490	2.154	431	23,4	28,2	35,6
19	Maine-et-Loire	Angers*	1	7	6	66	78	»	»	»	»	»
20	Sarthe	LE MANS	191	187	219	173	184	954	191	19,0	27,1	31,0
21	Indre-et-Loire	TOURS	115	133	113	133	157	651	130	13,1	18,4	20,3
22	Loiret	ORLÉANS	161	160	165	132	175	793	159	22,4	22,2	23,8
23	Seine-et-Oise	VERSAILLES	162	166	149	199	188	864	173	23,2	30,4	31,8
24		BOULOGNE-S-SEINE	181	208	174	206	162	931	186	44,8	50,5	45,6
25		PARIS	9.765	9.298	9.653	9.897	10.072	48.685	9.737	43,7	40,7	37,6
26		NEUILLY-SUR-SEINE	77	95	87	87	112	458	92	22,1	24,5	26,5
27	Seine	LEVALLOIS-PERRET	174	179	200	208	220	981	196	43,3	36,9	37,5
28		CLICHY	158	139	158	167	188	810	162	32,6	38,5·	44,4
29		SAINT-OUEN	135	143	166	114	162	720	144	45,4	33,7	43 7
30		SAINT-DENIS	98	181	231	224	253	987	197	45,2	15,8	34,3
31	Aube	TROYES	131	130	101	112	118	592	118	25,5	26,8	22,3
32	Marne	REIMS	334	336	311	307	304	1.592	318	27,2	27,4	29,4
33	Meurthe-et-Moselle	NANCY	322	322	341	295	292	1.572	314	33,1	31,6	31,6
34	Doubs	BESANÇON	157	144	154	152	183	790	158	27,1	33,0	27,9
35	Côte-d'Or	DIJON	139	165	123	119	65	611	122	22,7	24,3	17,6
36	Cher	BOURGES	6	42	62	72	47	289	58	15,9	15,5	12,8
37	Vienne	Poitiers*	6	38	47	63	52	206	41	»	»	10.4
38	Charente-inférieure	ROCHEFORT	64	55	52	53	72	296	59	13,3	15,5	16.7
39	Gironde	BORDEAUX	674	583	487	616	533	2.893	579	33,8	27,5	22,5
40	Dordogne	PÉRIGUEUX	48	35	38	38	41	200	40	9,0	8,0	12,7
41	Charente	ANGOULÊME	99	63	58	53	48	321	64	31,7	25,0	16,9
42	Haute-Vienne	LIMOGES	387	309	336	336	331	1.699	340	35,8	39,7	42,0
43	Puy-de-Dôme	CLERMONT-FERRAND	58	53	49	44	39	243	49	14,8	10,9	9,5
44	Allier	Montluçon*	40	49	67	38	48	242	48	12,6	14,3	14,4
45	Saône-et-Loire	LE CREUSOT	58	56	59	44	62	279	56	11,6	14,0	18,0
46	Loire	Roanne*	55	54	47	41	35	232	46	»	19,1	13,4
47		SAINT-ÉTIENNE	358	342	364	387	400	1.851	370	31,4	24,6	26,2
48	Rhône	LYON	1.403	1.356	1.219	1.428	1.495	6.901	1.380	29,5	30,3	29,8
49	Isère	GRENOBLE	157	170	152	155	207	841	168	25,6	27,5	25,4
50	Alpes-maritimes	NICE	249	236	256	256	294	1.291	258	26,3	17,1	24,3
51	Var	TOULON	114	89	140	124	123	590	118	8,8	14,6	12,0
52	Vaucluse	AVIGNON	114	98	131	100	149	592	118	23,3	23,2	25,8
53	Gard	NIMES	162	168	151	163	185	829	166	21,7	24,0	21,4
54	Bouches-du-Rhône	MARSEILLE	862	734	785	814	816	4.011	802	27,0	20,1	17,1
55		MONTPELLIER	220	225	178	193	190	1.006	201	24,6	22,8	26,9
56	Hérault	CETTE	112	86	95	87	109	489	98	31,5	25,6	29,8
57		BÉZIERS	156	138	156	97	126	673	135	27,8	29,8	27,0
58	Pyrénées-orientales	PERPIGNAN	96	86	71	69	83	405	81	13,8	22,4	22,8
59	Haute-Garonne	TOULOUSE	123	270	343	370	308	1.414	283	20,7	16,3	18,9
60	Basses-Pyrénées	PAU	101	82	100	118	85	486	97	33,3	29,9	28,8

(*) Renseignements incomplets pour tout ou partie des périodes.

DÉCÈS PAR PHTISIE PULMONAIRE DE 1887 A 1900
(TUBERCULOSE DES POUMONS)
V. — RÉSULTATS GÉNÉRAUX ET RÉCAPITULATIFS PAR PÉRIODES

		PÉRIODE 1887-90 4 ans (sauf exceptions indiquées).			PÉRIODE 1891-95 5 ans.			PÉRIODE 1896-1900 5 ans.		
		NOMBRES ABSOLUS		Proportion pour 10.000 habit.	NOMBRES ABSOLUS		Proportion pour 10.000 habit.	NOMBRES ABSOLUS		Proportion pour 10.000 habit.
		Total.	Moyenne annuelle.		Total.	Moyenne annuelle.		Total.	Moyenne annuelle.	
I — Répartition générale par périodes.	Villes de plus de 30.000 habit.	85.769	21.442	33,0	108.885	21.777	30,9	112.203	22.441	30,1
	Villes de 10.001 à 30.000 habit.	24.056	6.014	19,6	49.788	9.957	18,5	51.483	10.296	18,1
	Villes de 5.001 à 10.000 habit.	*6.966	3.483	15,3						
	(*) 2 ans.									
	Totaux.........	116.791	30.939	26,1	158.673	31.734	25,5	163.686	32.737	24,9
	Proportions extrêmes.....	29,0 en 1887 24,8 en 1889			26,2 en 1891 24,9 en 1893			25,6 en 1900 24,1 en 1897		
	Proportion par rapport au nombre des décès de toutes causes.	10,8 o/o 1 sur 9,2			10,8 o/o 1 sur 9,2			11,5 o/o 1 sur 8,7		
II — Répartition par groupes de villes.	I. Paris	40.916	10.229	43,7	50.302	10.060	40,9	48.685	9.737	37,9
	II. Villes de 100.001 à 467.000 h.	25.202	6.300	30,4	30.755	6.151	28,1	33.117	6.623	27,7
	III. Villes de 30.001 à 100.000 h.	19.651	4.913	23,7	27.828	5.566	23,2	30.401	6.080	24,5
	IV. Villes de 20.001 à 30.000 h.	9.868	2.467	20,2	12.793	2.559	20,7	13.941	2.788	19,9
	V. Villes de 10.001 à 20.000 h.	14.188	3.547	19,8	17.683	3.536	19,8	17.476	3.495	18,2
	VI. Villes de 5.001 à 10.000 h.	*6.966	3.483	15,3	19.312	3.862	16,7	20.066	4.013	17,0
	(*) 2 ans.									
III — Répartition par groupes d'âges dans les villes de plus de 30.000 habit. Proport. p. 10.000 desh. groupe.	de 0 à 1 an	648	162	18,2	879	176	17,8	784	157	14,8
	de 1 à 19 ans	11.209	2.802	15,1	14.798	2.960	14,7	14.005	2.801	13,1
	de 20 à 39 ans	44.241	11.060	44,5	54.470	10.894	40,4	56.277	11.255	39,5
	de 40 à 59 ans	24.637	6.159	41,8	32.164	6.433	40,3	34.067	6.813	40,4
	de 60 ans et au-dessus	5.034	1.258	21,6	6.574	1.315	20,9	7.070	1.414	21,4
IV — Répartition par saisons dans les villes de plus de 30.000 habit.	Hiver (décemb., janv., février). (*) Moins décembre 1886.	*21.433	5.827	9,0	28.228	5.646	8,0	28.291	5.658	7,6
	Printemps (mars, avril, mai)..	23.773	5.943	9,1	30.529	6.106	8,7	31.438	6.288	8,4
	Été (juin, juillet, août)......	19.169	4.792	7,4	25.050	5.010	7,1	26.050	5.210	7,0
	Automne (sept., oct., nov.)...	19.497	4.874	7,5	25.246	5.049	7,2	26.348	5.270	7,1

V — Répartition par villes de plus de 30.000 habit. Moyennes annuelles et proportions pour 10.000 habit.

Moyenne générale annuelle ... : de 8,8 à 48,7 — de 8,0 à 50,5 — de 9,5 à 50,2

Villes ayant présenté une moyenne supérieure à 32,0 ...... / Villes ayant présenté une moyenne inférieure à 16,0 ......

PÉRIODE 1887-90		PÉRIODE 1891-95		PÉRIODE 1896-1900	
Lille	32,7			Lille	35,2
Calais	33,0			Calais	33,9
Le Havre	48,7	Le Havre	50,1	Le Havre	50,2
Rouen	39,4	Rouen	43,1	Rouen	44,3
				Nantes	33,6
Boulogne-s-Seine	44,8	Boulogne-s-Seine	50,5	Boulogne-s-Seine	45,6
Paris	43,7	Paris	40,7	Paris	37,6
Levallois-Perret	43,3	Levallois-Perret	36,9	Levallois-Perret	37,5
Clichy	32,6	Clichy	38,5	Clichy	44,4
Saint-Ouen	45,4	Saint-Ouen	33,7	Saint-Ouen	43,7
Saint-Denis	45,2	Saint-Denis	?	Saint-Denis	34,3
Nancy	33,1				
Bordeaux	33,8	Besançon	33,0		
Limoges	35,8	Limoges	39,7	Limoges	42,0
Pau	33,3				
Tourcoing	14,7	Tourcoing	13,7	Tourcoing	15,2
Cherbourg	14,0				
Tours	13,1				
Bourges	15,9	Bourges	15,5	Bourges	12,8
Rochefort	13,3	Rochefort	15,5	Poitiers	10,4
Périgueux	9,0	Périgueux	8,0	Périgueux	12,7
Clermont-Ferrand	14,8	Clermont-Ferrand	10,9	Clermont-Ferrand	9,5
Montluçon	12,6	Montluçon	14,3	Montluçon	14,4
Le Creusot	11,6	Le Creusot	14,0	Roanne	13,4
Toulon	8,8	Toulon	14,6	Toulon	12,0
Perpignan	13,8				

XII

DÉCÈS PAR TUBERCULOSE

DES ORGANES AUTRES QUE LES POUMONS

(MÉNINGITE TUBERCULEUSE ET AUTRES TUBERCULOSES)

DE 1896 A 1900

et comparaison avec les deux périodes précédentes.

RÉCAPITULATION POUR L'ENSEMBLE DES DÉCÈS PAR TUBERCULOSE

DES DIVERS ORGANES

NOMBRES ABSOLUS ET PROPORTIONNELS

Villes de plus de 5.000 habitants.

I. — RÉPARTITION GÉNÉRALE ANNUELLE PAR GROUPES DE VILLES

Villes de plus de 30.000 habitants.

II. — RÉPARTITION ANNUELLE PAR GROUPES DE VILLES ET PAR AGES

III. — RÉPARTITION PAR VILLES

IV. — RÉSULTATS GÉNÉRAUX ET RÉCAPITULATIFS

DÉCÈS PAR TUBERCULOSE DES ORGANES AUTRES QUE LES POUMONS DE 1896 À 1900

GROUPES		1896		1897		1898		1899		1900	
DE VILLES	D'AGE	Nombre absolu.	Proportion.	Nombre absolu.	Proportion.	Nombre absolu.	Proportion.	Nombre absolu.	Proportion.	Nombre absolu.	Proportion.

I. — RÉPARTITION GÉNÉRALE PAR GROUPES DE VILLES DE PLUS DE 5.000 HABITANTS

PROPORTIONS POUR 10.000 HABITANTS

	1896 abs.	1896 prop.	1897 abs.	1897 prop.	1898 abs.	1898 prop.	1899 abs.	1899 prop.	1900 abs.	1900 prop.
I. Paris	2.376	9,4	2.307	9,1	2.377	9,2	2.143	8,2	2.476	9,4
II. Villes de 100.001 à 467.000 habitants.	1.548	6,5	1.681	7,1	1.674	7,0	1.471	6,1	1.504	6,2
III. Villes de 30.001 à 100.000 habitants.	1.747	7,2	1.734	7,1	1.745	7,0	1.884	7,5	2.052	8,0
IV. Villes de 20.001 à 30.000 habitants.	1.033	7,5	1.155	8,3	1.021	7,3	1.027	7,2	1.306	9,1
V. Villes de 10.001 à 20.000 habitants.	1.451	7,8	1.493	7,9	1.336	7,0	1.321	6,8	1.344	6,8
VI. Villes de 5.001 à 10.000 habitants.	1.642	7,1	1.607	6,9	1.652	7,0	1.564	6,6	1.752	7,3
TOTAUX GÉNÉRAUX. Villes de plus de 10.000 h.	8.155	7,7	8.370	7,8	8.153	7,6	7.846	7,2	8.682	7,9
TOTAUX GÉNÉRAUX. Villes de plus de 5.000 h.	9.797	7,6	9.977	7,7	9.805	7,5	9.410	7,1	10.434	7,8

II. — RÉPARTITION PAR GROUPES D'AGES DANS LES VILLES DE PLUS DE 30.000 HABITANTS

PROPORTIONS POUR 10.000 INDIVIDUS DE CHAQUE GROUPE

		1896 abs.	1896 prop.	1897 abs.	1897 prop.	1898 abs.	1898 prop.	1899 abs.	1899 prop.	1900 abs.	1900 prop.
I. Paris.	de 0 à 1 an	207	65,2	188	58,1	204	61,9	203	60,5	185	54,2
	de 1 à 19 ans	1.067	16,5	962	14,7	990	15,0	911	13,6	968	14,3
	de 20 à 39 ans	564	5,5	613	5,9	623	6,0	535	5,1	690	6,5
	de 40 à 59 ans	424	7,0	438	7,1	444	7,2	402	6,4	516	8,2
	de 60 ans et au-dessus.	114	5,5	106	5,1	116	5,6	92	4,4	117	5,6
II. Villes de 100.001 à 467.000 habit.	de 0 à 1 an	133	37,8	164	46,4	122	34,3	105	29,4	117	32,5
	de 1 à 19 ans	684	9,8	739	10,5	674	9,5	616	8,7	576	8,1
	de 20 à 39 ans	408	4,7	443	5,0	471	5,3	428	4,8	440	4,9
	de 40 à 59 ans	240	4,4	239	4,4	297	5,4	232	4,2	279	5,0
	de 60 ans et au-dessus.	83	3,9	96	4,5	110	5,1	90	4,1	92	4,2
III. Villes de 30.001 à 100.000 habit.	de 0 à 1 an	133	36,5	190	51,5	170	45,5	140	37,0	185	48,3
	de 1 à 19 ans	680	9,1	701	9,2	714	9,3	736	9,5	752	9,5
	de 20 à 39 ans	481	5,3	449	4,9	497	5,4	581	6,2	619	6,5
	de 40 à 59 ans	329	6,3	285	5,5	257	4,9	304	5,8	361	6,8
	de 60 ans et au-dessus.	124	5,4	109	4,7	107	4,5	123	5,1	135	5,6

	Années.	0 à 1 an.	1 à 19 ans.	20 à 39 ans.	40 à 59 ans.	60 ans et au-dessus.
RÉCAPITULATION PAR PÉRIODES (Nombres absolus.)	1896	473	2.431	1.453	993	321
	1897	542	2.402	1.505	962	311
	1898	496	2.378	1.591	998	333
	1899	448	2.263	1.544	938	305
	1900	487	2.296	1.749	1.156	344
TOTAUX	(5 ans.)	2.446	11.770	7.842	5.047	1.614

DES ORGANES AUTRES QUE LES POUMONS DE 1896 A 1900

III. — RÉPARTITION DANS LES VILLES DE PLUS DE 30.000 HABITANTS

PROPORTIONS POUR 10.000 HABITANTS PAR COMPARAISON AVEC LES DEUX PÉRIODES PRÉCÉDENTES

NUMÉROS D'ORDRE	DÉPARTEMENTS par GROUPEMENT GÉOGRAPHIQUE du nord au sud.	NOMS DES VILLES	NOMBRES ABSOLUS							PROPORTION		
			1896	1897	1898	1899	1900	TOTAL	MOYENNE annuelle.	1887-90	1891-95	1896-1900
1	Nord	DUNKERQUE	18	40	39	32	18	147	29	4,3	8,7	7,3
2		TOURCOING	54	56	62	45	45	262	52	14,4	12,1	6,8
3		ROUBAIX	89	91	71	44	52	347	69	6,3	6,7	5,5
4		LILLE	161	215	89	105	103	673	135	5,0	7,1	6,3
5		DOUAI	46	48	50	49	54	247	49	9,7	21,9	14,9
6	Pas-de-Calais	CALAIS	49	28	37	54	58	226	45	3,3	7,2	7,7
7		BOULOGNE-SUR-MER	30	28	33	35	49	175	35	17,3	12,2	7,3
8	Somme	AMIENS	30	75	52	56	70	283	57	1,0	2,5	6,4
9	Aisne	SAINT-QUENTIN	17	19	14	11	76	137	27	9,5	8,9	5,4
10	Seine-inférieure	LE HAVRE	56	68	61	68	79	332	66	1,1	5,7	5,3
11		ROUEN	47	48	61	56	46	258	52	3,2	4,9	4,5
12	Calvados	*Caen*	24	19	17	14	9	83	17	1,1	7,2	3,8
13	Manche	CHERBOURG	19	20	26	24	35	124	25	1,6	3,2	5,9
14	Ille-et-Vilaine	RENNES	51	50	62	61	46	270	54	3,1	4,9	7,5
15	Finistère	BREST	98	93	81	88	61	421	84	5,8	7,5	10,7
16	Morbihan	*Lorient*	29	8	17	22	35	111	22	»	7,1	5,1
17	Loire-inférieure	SAINT-NAZAIRE	25	30	26	36	22	139	28	8,3	12,1	8,4
18		NANTES	117	105	89	100	130	541	108	7,4	11,8	8,4
19	Maine-et-Loire	*Angers*	2	8	3	41	»	»	»	»	»	»
20	Sarthe	LE MANS	42	48	58	99	71	318	64	10,9	9,6	10,4
21	Indre-et-Loire	TOURS	144	143	75	72	93	527	105	27,0	25,6	16,4
22	Loiret	ORLÉANS	43	37	44	34	44	202	40	6,9	7,0	6,0
23	Seine-et-Oise	VERSAILLES	38	34	34	38	39	183	37	9,5	7,4	6,8
24		BOULOGNE-SUR-SEINE	29	36	45	29	31	170	34	5,8	8,9	8,3
25		PARIS	2.376	2.307	2.377	2.143	2.476	11.679	2.336	5,4	7,5	9,0
26		NEUILLY-SUR-SEINE	18	17	21	18	22	96	19	6,9	6,2	5,5
27	Seine	LEVALLOIS-PERRET	62	41	79	83	64	329	66	3,2	8,1	12,6
28		CLICHY	15	23	16	14	17	85	17	17,4	11,3	4,6
29		SAINT-OUEN	62	70	63	72	79	346	69	12,8	30,5	20,9
30		SAINT-DENIS	219	108	61	55	44	487	97	15,2	44,9	16,9
31	Aube	TROYES	30	50	52	46	45	223	45	3,1	4,7	8,5
32	Marne	REIMS	51	58	61	70	86	326	65	5,1	4,9	6,0
33	Meurthe-et-Moselle	NANCY	62	80	99	83	75	399	80	8,5	7,7	8,0
34	Doubs	BESANÇON	32	26	25	22	33	138	28	10,1	6,6	4,9
35	Côte-d'Or	DIJON	24	22	49	56	131	282	56	6,6	4,4	8,1
36	Cher	BOURGES	17	27	37	24	41	146	29	5,9	8,3	6,4
37	Vienne	*Poitiers*	9	25	21	16	19	90	18	»	»	4,6
38	Charente-inférieure	ROCHEFORT	10	16	15	23	21	85	17	3,1	4,5	4,8
39	Gironde	BORDEAUX	305	322	355	261	293	1.536	307	7,1	9,7	11,9
40	Dordogne	PÉRIGUEUX	23	25	28	20	45	141	28	12,3	10,3	8,9
41	Charente	ANGOULÊME	38	26	41	30	28	163	33	3,9	9,4	8,7
42	Haute-Vienne	LIMOGES	17	19	21	28	33	118	24	2,0	2,5	3,0
43	Puy-de-Dôme	CLERMONT-FERRAND	23	13	17	51	38	142	28	8,1	6,0	5,4
44	Allier	*Montluçon*	4	9	19	26	16	74	15	4,0	3,0	4,5
45	Saône-et-Loire	LE CREUSOT	18	27	23	24	16	108	22	3,6	6,3	7,0
46	Loire	*Roanne*	14	15	20	39	43	131	26	»	3,1	7,6
47		SAINT-ÉTIENNE	57	62	67	40	48	274	55	3,4	3,1	3,9
48	Rhône	LYON	228	246	390	248	252	1.364	273	8,8	6,9	5,9
49	Isère	GRENOBLE	18	23	28	24	27	120	24	7,0	3,5	3,6
50	Alpes-maritimes	NICE	14	18	24	35	35	126	25	2,6	1,7	2,4
51	Var	TOULON	123	107	117	135	151	633	127	8,7	9,0	12,9
52	Vaucluse	AVIGNON	11	17	16	16	20	80	16	5,5	5,3	3,5
53	Gard	NÎMES	43	42	19	44	40	188	38	5,6	5,9	4,9
54	Bouches-du-Rhône	MARSEILLE	289	302	302	362	278	1.533	307	2,8	7,1	6,5
55	Hérault	MONTPELLIER	26	54	47	31	17	175	35	6,3	11,7	4,7
56		*Cette*	1	4	3	4	1	»	»	»	1,4	»
57		*Béziers*	»	2	»	24	41	67	13	2,5	0,9	2,6
58	Pyrénées-orientales	PERPIGNAN	29	12	16	16	23	96	19	14,1	7,9	5,4
59	Haute-Garonne	TOULOUSE	134	146	104	82	102	568	114	7,2	9,5	7,6
60	Basses-Pyrénées	PAU	11	14	17	20	13	75	15	6,7	5,2	4,4

(*) Renseignements incomplets pour tout ou partie des périodes. — Dans certaines villes, notamment à Saint-Denis et Saint-Ouen pendant la période 1891-95, un nombre indéterminé de décès appartenant en réalité à la phtisie pulmonaire a été porté par erreur sous la rubrique générale «tuberculose» et se trouve compris dans le tableau ci-dessus. Le résumé de la page 64 donne les résultats fournis par le groupement général des décès dus aux tuberculoses des divers organes.

DÉCÈS PAR TUBERCULOSE DES DIVERS ORGANES DE 1887 A 1900
(PHTISIE, MÉNINGITE ET AUTRES)
IV. — RÉSULTATS GÉNÉRAUX ET RÉCAPITULATIFS PAR PÉRIODES (1)

		PÉRIODE 1887-90 4 ans (sauf exceptions indiquées).			PÉRIODE 1891-95 5 ans.			PÉRIODE 1896-1900 5 ans.		
		NOMBRES ABSOLUS		Proportion	NOMBRES ABSOLUS		Proportion	NOMBRES ABSOLUS		Proportion
		Total.	Moyenne annuelle.	pour 10.000 habit.	Total.	Moyenne annuelle.	pour 10.000 habit.	Total.	Moyenne annuelle.	pour 10.000 habit.
I **Répartition générale par périodes.**	Villes de plus de 30.000 habit.	101.017	25.254	38,9	135.696	27.139	38,5	140.922	28.185	37,8
	Villes de 10.001 à 30.000 hab.	32,085	8.021	26,1	69.778	13.955	25,9	72.187	14.437	25,4
	Villes de 5.001 à 10.000 hab. (*) 2 ans	'9.066	4.533	19,9						
	TOTAUX.........	142.168	37.808	31,9	205.474	41.094	33,0	213.109	42.622	32,5
	Proportions extrêmes...	35,3 en 1887 / 30,1 en 1889			34,1 en 1895 / 31,8 en 1892			33,4 en 1900 / 31,4 en 1899		
	Proportion par rapport au nombre des décès de toutes causes.	13,2 0/0 — 1 sur 7,6			14,0 0/0 — 1 sur 7,1			15,0 0/0 — 1 sur 6,6		
II **Répartition par groupes de villes.**	I. Paris	46.016	11.504	49,1	59.528	11.905	48,4	60.364	12.073	46,9
	II. Villes de 100.001 à 467.000 h.	29.823	7.455	36,0	38.718	7.744	35,4	40.995	8.199	34,3
	III. Villes de 30.001 à 100.000 h.	25.178	6.295	30,4	37.450	7.490	31,2	39.563	7.913	31,8
	IV. Villes de 20.001 à 30.000 h.	13.387	3.347	27,4	17.641	3.529	28,5	19.483	3.897	27,8
	V. Villes de 10.001 à 20.000 h.	18.698	4.674	25,3	24.931	4.986	27,1	24.421	4.884	25,5
	VI. Villes de 5.001 à 10.000 h. (*) 2 ans.	'9.066	4.533	19,9	27.206	5.441	23,5	28.283	5.656	24,0
III **Répartition par groupes d'âges dans les villes de plus de 30.000 habit.** Proport. p. 10.000 de ch. groupe	de 0 à 1 an	1.932	483	54,3	3.253	651	65,8	3.230	646	61,0
	de 1 à 19 ans	17.343	4.335	23,4	25.827	5.166	25,6	25.775	5.155	24,1
	de 20 à 39	48.473	12.118	48,7	61.818	12.363	45,8	64.119	12.824	45,0
	de 40 à 59 ans	27.107	6.776	46,0	36.701	7.340	46,0	39.114	7.823	46,4
	de 60 ans et au-dessus	6.162	1.540	26,4	8.097	1.620	25,7	8.684	1.737	26,3

IV — Répartition par villes de plus de 30.000 habit. Moyennes annuelles et proportions pour 10.000 habit.

Moyenne générale annuelle... : 15,0 à 60,4 — 16,9 à 64,2 — 14,9 à 64,6

Villes ayant présenté une moyenne supérieure à 39,9 :

PÉRIODE 1887-90		PÉRIODE 1891-95		PÉRIODE 1896-1900	
				Lille	41,5
		Douai	51,7	Douai	46,3
				Calais	41,6
Le Havre	49,8	Le Havre	55,8	Le Havre	55,5
Rouen	42,6	Rouen	48,0	Rouen	48,8
		Nantes	40,0	Nantes	42,0
Tours	40,1	Tours	43,7	Le Mans	41,4
Boulogne-s-Seine	50,6	Boulogne-s-Seine	59,4	Boulogne-s-Seine	53,9
Paris	49,1	Paris	48,2	Paris	46,2
Levallois-Perret	46,5	Levallois-Perret	45,0	Levallois-Perret	50,1
Clichy	50,0	Clichy	49,8	Clichy	49,0
Saint-Ouen	58,2	Saint-Ouen	64,2	Saint-Ouen	64,6
Saint-Denis	60,4	Saint-Denis	60,7	Saint-Denis	51,2
Nancy	41,6	Limoges	42,2	Limoges	45,0
Bordeaux	40,9				
Pau	40,0				

Villes ayant présenté une moyenne inférieure à 26,0 :

PÉRIODE 1887-90		PÉRIODE 1891-95		PÉRIODE 1896-1900	
		Tourcoing	25,8	Tourcoing	22,0
				Dijon	25,7
Bourges	21,8	Bourges	23,8	Bourges	19,2
				Poitiers	15,0
Rochefort	16,4	Rochefort	20,0	Rochefort	21,5
Périgueux	21,3	Périgueux	18,3	Périgueux	21,6
				Angoulême	25,6
Clermont-Ferrand	22,9	Clermont-Ferrand	16,9	Clermont-Ferrand	14,9
		Montluçon	17,3	Montluçon	18,9
Le Creusot	15,0	Le Creusot	20,3	Le Creusot	25,0
		Roanne	22,2	Roanne	21,0
		Nice	18,8		
Toulon	17,5	Toulon	23,6	Toulon	24,9
		Toulouse	25,8	Marseille	23,6

(1) Chapitre XI et XII réunis.

XIII

DÉCÈS PAR BRONCHITE CHRONIQUE

DE 1896 A 1900

et comparaison avec les deux périodes précédentes.

NOMBRES ABSOLUS ET PROPORTIONNELS

Villes de plus de 5.000 habitants.

I. — RÉPARTITION GÉNÉRALE ANNUELLE PAR GROUPES DE VILLES

Villes de plus de 30.000 habitants.

II. — RÉPARTITION ANNUELLE PAR GROUPES DE VILLES ET PAR AGES

III. — RÉPARTITION PAR VILLES

IV. — RÉSULTATS GÉNÉRAUX ET RÉCAPITULATIFS

DÉCÈS PAR BRONCHITE CHRONIQUE DE 1896 A 1900

GROUPES		1896		1897		1898		1899		1900	
DE VILLES	D'AGE	Nombre absolu.	Proportion.	Nombre absolu.	Proportion.	Nombre absolu.	Proportion.	Nombre absolu.	Proportion.	Nombre absolu.	Proportion.

I. — RÉPARTITION GÉNÉRALE PAR GROUPES DE VILLES DE PLUS DE 5.000 HABITANTS

PROPORTIONS POUR 10.000 HABITANTS

	1896 N	1896 P	1897 N	1897 P	1898 N	1898 P	1899 N	1899 P	1900 N	1900 P
I. Paris	1.142	4,5	1.116	4,4	1.239	4,8	1.217	4,7	1.228	4,7
II. Villes de 100.001 à 467.000 habitants	1.669	7,0	1.633	6,9	1.610	6,7	1.638	6,8	1.635	6,8
III. Villes de 30.001 à 100.000 habitants	1.931	8,0	1.864	7,6	1.974	7,9	1.797	7,1	2.090	8,2
IV. Villes de 20.001 à 30.000 habitants	1.055	7,7	1.177	8,5	1.150	8,2	1.090	7,7	1.275	8,9
V. Villes de 10.001 à 20.000 habitants	1.619	8,7	1.491	7,9	1.530	8,0	1.569	8,1	1.680	8,5
VI. Villes de 5.001 à 10.000 habitants	1.642	7,1	1.639	7,0	1.843	7,8	1.723	7,9	1.915	8,0
TOTAUX GÉNÉRAUX { Villes de plus de 10.000 h.	7.416	7,0	7.281	6,8	7.503	7,0	7.311	6,7	7.908	7,2
{ Villes de plus de 5.000 h.	9.058	7,0	8.920	6,9	9.346	7,1	9.034	6,8	9.823	7,3

II. — RÉPARTITION PAR GROUPES D'AGES DANS LES VILLES DE PLUS DE 30.000 HABITANTS

PROPORTIONS POUR 10.000 INDIVIDUS DE CHAQUE GROUPE

		1896 N	1896 P	1897 N	1897 P	1898 N	1898 P	1899 N	1899 P	1900 N	1900 P
I. Paris	de 0 à 1 an	21	6,6	16	4,9	12	3,6	18	5,4	25	7,3
	de 1 à 19 ans	36	0,6	38	0,6	42	0,6	26	0,4	30	0,4
	de 20 à 39 ans	81	0,8	82	0,8	53	0,5	78	0,7	85	0,8
	de 40 à 59 ans	270	4,4	267	4,4	304	4,9	314	5,0	279	4,4
	de 60 ans et au-dessus	734	35,6	713	34,4	828	39,8	781	37,3	809	38,5
II. Villes de 100.001 à 467.000 habit.	de 0 à 1 an	15	4,3	25	7,1	12	3,4	16	4,5	30	8,3
	de 1 à 19 ans	62	0,9	59	0,8	49	0,7	43	0,6	68	0,9
	de 20 à 39 ans	147	1,7	134	1,5	125	1,4	160	1,8	129	1,4
	de 40 à 59 ans	405	7,5	352	6,4	406	7,4	340	6,2	339	6,1
	de 60 ans et au-dessus	1.040	48,6	1.063	49,4	1.018	47,1	1.079	49,6	1.069	48,9
III. Villes de 30.001 à 100.000 habit.	de 0 à 1 an	43	11,8	39	10,6	44	11,8	38	10,0	39	10,2
	de 1 à 19 ans	128	1,7	112	1,5	122	1,6	91	1,2	126	1,6
	de 20 à 39 ans	357	4,0	387	4,2	337	3,6	317	3,4	331	3,5
	de 40 à 59 ans	477	9,4	431	8,4	488	9,4	417	7,9	543	10,2
	de 60 ans et au-dessus	926	40,2	895	38,4	983	41,6	934	39,0	1.051	43,4

	Années.	0 à 1 an.	1 à 19 ans.	20 à 39 ans.	40 à 59 ans.	60 ans et au-dessus.
RÉCAPITULATION PAR PÉRIODES (Nombres absolus.)	1896	79	226	585	1.152	2.700
	1897	80	209	603	1.050	2.671
	1898	68	213	515	1.198	2.829
	1899	72	160	555	1.071	2.794
	1900	94	224	545	1.161	2.929
TOTAUX	(5 ans.)	393	1.032	2.803	5.632	13.923

III. — RÉPARTITION DANS LES VILLES DE PLUS DE 30.000 HABITANTS

PROPORTIONS POUR 10.000 HABITANTS PAR COMPARAISON AVEC LES DEUX PÉRIODES PRÉCÉDENTES

NUMÉROS D'ORDRE	DÉPARTEMENTS par GROUPEMENT GÉOGRAPHIQUE du nord au sud.	NOMS DES VILLES	NOMBRES ABSOLUS							PROPORTION		
			1896	1897	1898	1899	1900	TOTAL	MOYENNE annuelle.	1887-90	1891-95	1896-1900
1	Nord	Dunkerque	31	31	23	11	20	116	23	8,1	6,4	5,8
2		Tourcoing	56	57	59	71	54	297	59	9,6	8,8	7,7
3		Roubaix	111	147	112	133	101	604	121	10,7	10,9	9,7
4		Lille	208	187	175	150	180	900	180	11,0	9,9	8,4
5		Douai	12	10	12	9	14	57	11	6,0	4,8	3,3
6	Pas-de-Calais	Calais	61	47	62	38	53	261	52	14,2	14,5	9,0
7		Boulogne-sur-mer	23	22	40	40	48	173	35	6,6	6,1	7,3
8	Somme	Amiens	64	43	35	43	51	236	47	12,5	12,4	5,2
9	Aisne	Saint-Quentin	46	41	24	37	32	180	36	5,1	7,7	7,3
10	Seine-inférieure	Le Havre	72	62	71	54	61	320	64	8,9	8,4	5,1
11		Rouen	70	65	65	71	61	332	66	7,0	7,1	5,8
12	Calvados	Caen*	15	17	5	16	22	75	15	»	5,9	3,3
13	Manche	Cherbourg	42	36	39	39	58	214	43	29,5	17,3	10,2
14	Ille-et-Vilaine	Rennes	113	134	121	116	114	598	120	21,4	18,7	16,7
15	Finistère	Brest	178	146	173	125	167	789	158	43,8	32,1	20,2
16	Morbihan	Lorient	84	80	89	82	103	438	88	13,9	22,7	20,5
17	Loire-inférieure	Saint-Nazaire	44	48	37	25	34	188	38	12,3	14,4	11,5
18		Nantes	68	76	61	44	52	301	60	7,1	8,0	4,7
19	Maine-et-Loire	Angers*	»	»	»	9	9	»	»	»	»	»
20	Sarthe	Le Mans	44	37	49	35	42	207	41	4,3	8,3	6,7
21	Indre-et-Loire	Tours	66	76	76	57	81	356	71	16,2	13,4	11,1
22	Loiret	Orléans	14	15	16	16	12	73	15	5,4	4,7	2,2
23	Seine-et-Oise	Versailles	19	16	21	17	17	90	18	7,2	6,5	3,3
24		Boulogne-sur-Seine	19	10	11	14	3	57	11	5,8	3,7	2,7
25		Paris	1.142	1.116	1.239	1.217	1.228	5.942	1.188	8,6	6,9	4,6
26		Neuilly-sur-Seine	12	19	21	13	11	76	15	12,3	8,8	4,3
27	Seine	Levallois-Perret*	15	30	25	40	31	141	28	2,2	7,4	5,3
28		Clichy	35	32	20	25	27	139	28	15,6	12,3	7,7
29		Saint-Ouen	64	67	76	73	82	362	72	11,1	22,0	21,8
30		Saint-Denis	34	33	54	47	52	220	44	8,8	8,4	7,6
31	Aube	Troyes	73	66	67	53	41	300	60	10,6	15,0	11,3
32	Marne	Reims	77	57	66	68	57	325	65	11,3	10,4	6,0
33	Meurthe-et-Moselle	Nancy	15	15	21	15	23	89	18	4,0	2,6	1,8
34	Doubs	Besançon	17	13	13	32	15	90	18	8,9	7,7	3,2
35	Côte-d'Or	Dijon	23	19	19	20	22	103	21	3,9	5,9	3,0
36	Cher	Bourges	18	39	35	21	28	141	28	7,0	9,6	6,2
37	Vienne	Poitiers*	»	12	29	18	26	»	»	»	»	»
38	Charente-inférieure	Rochefort	20	48	40	24	33	165	33	18,3	13,1	9,4
39	Gironde	Bordeaux	62	96	61	69	65	353	71	9,6	4,9	2,8
40	Dordogne	Périgueux	48	33	31	35	52	199	40	13,3	13,2	12,7
41	Charente	Angoulême	24	21	31	18	39	133	27	4,5	7,0	7,1
42	Haute-Vienne	Limoges	113	74	100	79	93	459	92	13,5	13,9	11,4
43	Puy-de-Dôme	Clermont-Ferrand	13	21	29	21	20	104	21	10,0	7,4	4,1
44	Allier	Montluçon*	26	27	26	32	50	161	32	4,8	8,6	9,6
45	Saône-et-Loire	Le Creusot	20	17	29	30	31	127	25	4,7	7,6	8,0
46	Loire	Roanne*	17	6	13	18	21	75	15	»	5,2	4,4
47		Saint-Étienne	127	99	94	127	104	551	110	13,4	11,4	7,8
48	Rhône	Lyon	394	354	402	419	389	1.958	392	14,3	11,7	8,5
49	Isère	Grenoble	28	29	28	25	32	142	23	8,9	5,9	4,2
50	Alpes-maritimes	Nice	118	84	101	92	86	481	96	23,6	15,5	9,1
51	Var	Toulon	156	158	132	138	171	755	151	22,2	17,3	15,3
52	Vaucluse	Avignon	51	38	50	41	45	225	45	17,0	17,7	9,8
53	Gard	Nîmes	87	99	107	85	83	461	92	13,0	14,0	11,9
54	Bouches-du-Rhône	Marseille	257	271	276	300	374	1.478	296	5,8	7,9	6,3
55	Hérault	Montpellier*	55	31	37	63	51	237	47	»	8,2	6,3
56		Cette*	4	8	9	9	17	47	9	»	2,6	2,7
57		Béziers	4	14	15	6	34	73	15	17,8	4,1	3,0
58	Pyrénées-orientales	Perpignan	13	9	7	8	11	48	10	10,9	7,0	2,8
59	Haute-Garonne	Toulouse	105	135	126	111	105	582	116	6,0	8,9	7,8
60	Basses-Pyrénées	Pau	15	20	18	8	15	76	15	6,4	5,8	4,4

(*) Renseignements incomplets pour tout ou partie des périodes.

IV. — RÉSULTATS GÉNÉRAUX ET RÉCAPITULATIFS PAR PÉRIODES

		PÉRIODE 1887-90 4 ans.			PÉRIODE 1891-95 5 ans.			PÉRIODE 1896-1900 5 ans.		
		NOMBRES ABSOLUS		Pro-portion pour 10.000 habit.	NOMBRES ABSOLUS		Pro-portion pour 10.000 habit.	NOMBRES ABSOLUS		Pro-portion pour 10.000 habit.
		Total.	Moyenne annuelle.		Total.	Moyenne annuelle.		Total.	Moyenne annuelle.	
I **Répartition générale par périodes.**	Villes de plus de 30.000 hab...	25.741	6.435	9,9	31.149	6.230	8,8	23.783	4.757	6,4
	Villes de 10.001 à 30.000 hab.	11.054	2.763	9,0	25.044	5.008	9,3	22.398	4.479	7,9
	Villes de 5.001 à 10.000 hab..	»	»	»						
	Totaux.........	36.795	9.188	9,6	56.193	11.238	9,0	46.181	9.236	7,0
	Proportions extrêmes...	11,1 en 1890 8,8 en 1889			10,0 en 1891 8,2 en 1894			7,3 en 1900 6,8 en 1899		
	Proportions par rapport au nombre des décès de toutes causes.	3,2 o/o 1 sur 31,4			3,8 o/o 1 sur 26			3,2 o/o 1 sur 30,7		
II **Répartition par groupes de villes.**	I. Paris.................	8.047	2.012	8,6	8.547	1.709	6,9	5.942	1.188	4,6
	II. Villes de 100.001 à 467.000 h.	8.084	2.021	9,7	10.011	2.002	9,1	8.185	1.637	6,8
	III. Villes de 30.001 à 100.000 h.	9.610	2.402	11,6	12.591	2.518	10,5	9.656	1.931	7,8
	IV. Villes de 20.001 à 30.000 h.	4.232	1.058	8,6	6.111	1.222	9,9	5.747	1.149	8,2
	V. Villes de 10.001 à 20.000 h.	6.822	1.705	9,2	8.890	1.778	9,7	7.889	1.578	8,2
	VI. Villes de 5.001 à 10.000 h.	»	»	»	10.043	2.009	8,7	8.762	1.753	7,4
III **Répartition par groupes d'âges dans les villes de plus de 30.000 habit.** Prop. p. 10.000 de ch. groupe	de 0 à 1 an..............	598	149	16,8	519	104	10,5	393	79	7,5
	de 1 à 19 ans............	1.616	404	2,2	1.509	302	1,5	1.032	206	1,0
	de 20 à 39 ans...........	3.289	822	3,3	3.479	696	2,6	2.803	561	2,0
	de 40 à 59 ans...........	5.885	1.471	10,0	7.014	1.403	8,8	5.632	1.126	6,7
	de 60 ans et au-dessus.....	14.353	3.588	61,6	18.628	3.725	59,2	13.923	2.785	42,2

IV — Répartition par villes de plus de 30.000 habit. Moyennes annuelles et proportions pour 10.000 habit.

	PÉRIODE 1887-90	PÉRIODE 1891-95	PÉRIODE 1896-1900
Moyenne générale annuelle....	3,9 à 43,8	2,6 à 32,1	1,8 à 21,8

Villes ayant présenté consécutivement pendant les trois périodes une moyenne supérieure à 10,0 :

Ville	PÉRIODE 1887-90	PÉRIODE 1891-95	PÉRIODE 1896-1900
Cherbourg	29,5	17,3	10,2
Rennes	21,4	18,7	16,7
Brest	43,8	32,1	20,2
Lorient	18,9	22,7	20,5
Saint-Nazaire	12,3	14,4	11,5
Tours	16,2	13,4	11,1
Saint-Ouen	11,1	22,0	21,8
Troyes	10,6	15,0	11,3
Périgueux	13,3	13,2	12,7
Limoges	13,5	13,9	11,4
Toulon	22,2	17,3	15,3
Nimes	13,0	14,0	11,9

Villes ayant présenté pour chaque période une moyenne inférieure à 5,0 :

PÉRIODE 1887-90	PÉRIODE 1891-95	PÉRIODE 1896-1900
Le Mans 4,3	Douai 4,8	Douai 3,3
	Orléans 4,7	Nantes 4,7
		Orléans 2,2
		Versailles 3,3
	Boulogne-s-Seine 3,7	Boulogne-s-Seine 2,7
		Paris 4,6
		Neuilly-s-Seine 4,3
Nancy 4,0	Nancy 2,6	Nancy 1,8
		Besançon 3,2
Dijon 3,9		Dijon 3,0
	Bordeaux 4,9	Bordeaux 2,8
		Clermont-Ferrand 4,1
Angoulême 4,5		Roanne 4,4
Le Creusot 4,7		Grenoble 4,2
	Cette 2,6	Cette 2,7
	Béziers 4,1	Béziers 3,0
		Perpignan 2,8
		Pau 4,4

XIV

DÉCÈS PAR BRONCHITE AIGUË

DE 1896 A 1900

et comparaison avec les deux périodes précédentes.

NOMBRES ABSOLUS ET PROPORTIONNELS

Villes de plus de 5.000 habitants.

I. — RÉPARTITION GÉNÉRALE ANNUELLE PAR GROUPES DE VILLES

Villes de plus de 30.000 habitants.

II. — RÉPARTITION ANNUELLE PAR GROUPES DE VILLES ET PAR AGES

III. — RÉPARTITION PAR VILLES

IV. — RÉSULTATS GÉNÉRAUX ET RÉCAPITULATIFS

DÉCÈS PAR BRONCHITE AIGUË DE 1896 A 1900

GROUPES		1896		1897		1898		1899		1900	
DE VILLES	D'AGE	Nombre absolu.	Pro-portion.	Nombre absolu.	Pro-portion.	Nombre absolu.	Pro-portion.	Nombre absolu.	Pro-portion.	Nombre absolu.	Pro-portion

I. — RÉPARTITION GÉNÉRALE PAR GROUPES DE VILLES DE PLUS DE 5.000 HABITANTS

PROPORTIONS POUR 10.000 HABITANTS

	1896 abs.	1896 prop.	1897 abs.	1897 prop.	1898 abs.	1898 prop.	1899 abs.	1899 prop.	1900 abs.	1900 prop.
I. Paris	750	3,0	845	3,3	792	3,1	681	2,6	617	2,3
II. Villes de 100.001 à 467.000 habitants.	1.320	5,6	1.270	5,3	1.387	5,8	1.552	6,4	1.306	5,4
III. Villes de 30.001 à 100.000 habitants..	1.210	5,0	1.033	4,2	1.256	5,0	1.020	4,0	1.155	4,5
IV. Villes de 20.001 à 30.000 habitants...	645	4,7	653	4,7	605	4,3	603	4,2	632	4,4
V. Villes de 10.001 à 20.000 habitants...	830	4,4	749	3,9	771	4,0	784	4,0	790	4,0
VI. Villes de 5.001 à 10.000 habitants....	959	4,1	853	3,6	1.092	4,6	1.044	4,4	1.139	4,7
TOTAUX GÉNÉRAUX { Villes de plus de 10.000 h	4.755	4,5	4.550	4,3	4.811	4,5	4.640	4,3	4.500	4,1
TOTAUX GÉNÉRAUX { Villes de plus de 5.000 h.	5.714	4,4	5.403	4,2	5.903	4,5	5.684	4,3	5.639	4,2

II. — RÉPARTITION PAR GROUPES D'AGES DANS LES VILLES DE PLUS DE 30.000 HABITANTS

PROPORTIONS POUR 10.000 INDIVIDUS DE CHAQUE GROUPE

		1896 abs.	1896 prop.	1897 abs.	1897 prop.	1898 abs.	1898 prop.	1899 abs.	1899 prop.	1900 abs.	1900 prop.
I. Paris	de 0 à 1 an	344	108,4	417	129,0	392	119,0	325	96,9	327	95,8
	de 1 à 19 ans	256	4,0	255	3,9	251	3,8	183	2,7	147	2,2
	de 20 à 39 ans	18	0,2	25	0,2	18	0,2	20	0,2	23	0,2
	de 40 à 59 ans	35	0,6	42	0,7	37	0,6	40	0,7	30	0,5
	de 60 ans et au-dessus	97	4,7	106	5,1	94	4,5	107	5,1	90	4,3
II. Villes de 100.001 à 467.000 habit.	de 0 à 1 an	512	145,6	486	137,4	484	136,1	538	150,5	434	120,7
	de 1 à 19 ans	418	6,0	393	5,6	374	5,3	433	6,1	343	4,8
	de 20 à 39 ans	86	1,0	72	0,8	96	1,1	98	1,1	93	1,0
	de 40 à 59 ans	130	2,4	115	2,1	159	2,9	175	3,2	155	2,8
	de 60 ans et au-dessus	174	8,1	204	9,5	274	12,7	308	14,2	281	12,9
III. Villes de 30.001 à 100.000 habit.	de 0 à 1 an	477	131,0	448	121,4	503	134,6	363	95,9	418	109,1
	de 1 à 19 ans	371	5,0	287	3,8	339	4,4	229	2,9	239	3,0
	de 20 à 39 ans	91	1,0	70	0,8	93	1,0	106	1,1	102	1,1
	de 40 à 59 ans	102	2,0	83	1,6	123	2,4	103	1,9	117	2,2
	de 60 ans et au-dessus	169	7,3	145	6,2	198	8,4	219	9,1	279	11,5

	Années.	0 à 1 an.	1 à 19 ans.	20 à 39 ans.	40 à 59 ans.	60 ans et au-dessus.
RÉCAPITULATION PAR PÉRIODES (Nombres absolus.)	1896	1.333	1.045	195	267	440
	1897	1.351	935	167	240	455
	1898	1.379	964	207	319	566
	1899	1.226	845	224	324	634
	1900	1.179	729	218	302	650
TOTAUX	(5 ans.)	6.468	4.518	1.011	1.452	2.745

III. — RÉPARTITION DANS LES VILLES DE PLUS DE 30.000 HABITANTS

PROPORTIONS POUR 10.000 HABITANTS PAR COMPARAISON AVEC LES DEUX PÉRIODES PRÉCÉDENTES.

NUMÉROS D'ORDRE	DÉPARTEMENTS par GROUPEMENT GÉOGRAPHIQUE du nord au sud.	NOMS DES VILLES	NOMBRES ABSOLUS							PROPORTION		
			1896	1897	1898	1899	1900	TOTAL	MOYENNE annuelle.	1887-90	1891-95	1896-1900
1		Dunkerque	16	36	29	40	47	168	34	6,1	8,2	8,6
2		Tourcoing	20	32	30	36	45	163	33	10,3	6,6	4,3
3	Nord	Roubaix	98	110	86	92	98	484	97	12,2	15,3	7,8
4		Lille	98	106	121	148	91	564	113	18,4	10,1	5,3
5		Douai	8	7	5	1	5	26	5	5,3	2,6	1,5
6	Pas-de-Calais	Calais	48	35	59	58	49	249	50	10,2	6,9	8,6
7		Boulogne-sur-Mer	20	22	27	14	11	94	19	6,4	5,2	3,9
8	Somme	Amiens	68	71	66	41	49	295	59	8,9	8,6	6,6
9	Aisne	Saint-Quentin	43	56	70	29	65	263	53	4,6	7,9	10,7
10	Seine-inférieure	Le Havre	81	39	92	87	50	349	70	5,0	4,7	5,6
11		Rouen	22	35	27	48	27	159	32	5,6	3,2	2,8
12	Calvados	Caen*	5	14	10	7	11	47	9	2,4	1,9	2,0
13	Manche	Cherbourg	11	11	6	28	26	82	16	8,3	6,8	3,8
14	Ille-et-Vilaine	Rennes	81	68	70	74	82	375	75	23,7	18,6	10,4
15	Finistère	Brest	24	26	47	19	27	143	29	6,8	6,3	3,7
16	Morbihan	Lorient*	6	5	8	15	9	43	9	11,4	17,7	2,1
17	Loire-inférieure	Saint-Nazaire	18	11	4	1	6	40	8	7,3	4,9	2,4
18		Nantes	18	17	14	12	12	73	15	4,4	3,6	1,2
19	Maine-et-Loire	Angers*	2	»	1	6	7	»	»	»	»	»
20	Sarthe	Le Mans	12	4	5	8	13	42	8	1,5	2,0	1,3
21	Indre-et-Loire	Tours*	»	1	2	2	4	»	»	3,5	1,3	»
22	Loiret	Orléans	7	15	18	8	4	52	10	5,1	3,8	1,5
23	Seine-et-Oise	Versailles	21	10	16	13	7	67	13	2,9	2,6	2,4
24		Boulogne-s-Seine	20	25	23	35	29	132	26	12,6	13,3	6,4
25		Paris	750	845	792	681	617	3.685	737	6,5	4,8	2,8
26		Neuilly-sur-Seine	16	13	15	14	18	76	15	3,6	3,6	4,3
27	Seine	Levallois-Perret	11	11	8	6	3	39	8	2,2	5,8	1,5
28		Clichy	47	28	46	45	36	202	40	11,0	12,5	11,0
29		Saint-Ouen	101	95	127	100	101	524	105	13,3	25,2	31,8
30		Saint-Denis	14	5	10	18	18	65	13	9,2	3,8	2,3
31	Aube	Troyes	12	10	16	11	7	56	11	6,4	4,1	2,1
32	Marne	Reims	63	67	62	36	52	280	56	7,3	9,9	5,2
33	Meurthe-et-Moselle	Nancy	23	19	21	18	15	96	19	1,7	2,9	1,9
34	Doubs	Besançon	14	11	8	22	19	74	15	6,5	5,1	2,6
35	Côte-d'Or	Dijon	18	13	21	29	49	130	26	5,4	4,8	3,7
36	Cher	Bourges	5	6	12	4	7	34	7	6,6	4,3	1,5
37	Vienne	Poitiers*	3	20	43	29	40	135	27	»	»	6,9
38	Charente-inférieure	Rochefort	23	9	21	5	2	60	12	5,3	7,4	3,4
39	Gironde	Bordeaux	153	160	180	176	184	853	171	5,3	6,2	6,6
40	Dordogne	Périgueux	17	12	16	11	22	78	16	10,3	7,7	5,1
41	Charente	Angoulême	2	1	15	3	12	33	7	6,2	3,8	1,8
42	Haute-Vienne	Limoges	52	50	42	25	37	206	41	12,8	12,0	5,1
43	Puy-de-Dôme	Clermont-Ferrand	70	45	60	49	51	275	55	25,4	15,2	10,7
44	Allier	Montluçon*	47	18	37	24	22	148	30	8,2	9,6	9,0
45	Saône-et-Loire	Le Creusot	20	14	10	12	6	62	12	8,7	9,0	3,8
46	Loire	Roanne*	8	7	8	10	8	41	8	»	4,9	2,3
47		Saint-Étienne	84	59	69	84	80	376	75	8,4	7,2	5,3
48	Rhône	Lyon	250	224	306	296	374	1.450	290	7,9	6,8	6,3
49	Isère	Grenoble	19	25	31	15	31	121	24	5,9	4,6	4,2
50	Alpes-maritimes	Nice	107	97	88	86	51	429	86	12,3	9,9	8,1
51	Var	Toulon	70	28	42	50	44	234	47	6,6	5,2	4,8
52	Vaucluse	Avignon	32	8	12	8	15	75	15	7,2	4,4	3,3
53	Gard	Nîmes	5	5	7	13	15	45	9	5,9	1,5	1,2
54	Bouches-du-Rhône	Marseille	282	308	309	430	207	1.536	307	9,2	6,7	6,5
55		Montpellier*	37	4	15	13	37	106	21	»	5,0	2,8
56	Hérault	Cette	19	14	25	32	22	112	22	7,1	15,1	6,7
57		Béziers	81	94	80	6	3	264	53	16,0	18,8	10,6
58	Pyrénées-orientales	Perpignan	6	13	4	7	11	41	8	5,0	2,3	2,2
59	Haute-Garonne	Toulouse	64	48	33	57	80	282	56	5,6	6,1	3,7
60	Basses-Pyrénées	Pau	8	6	8	6	8	36	7	5,7	4,3	2,1

(*) Renseignements incomplets pour tout ou partie des périodes.

IV — RÉSULTATS GÉNÉRAUX ET RÉCAPITULATIFS PAR PÉRIODES

	PÉRIODE 1887-90 (4 ans.)			PÉRIODE 1891-95 (5 ans.)			PÉRIODE 1896-1900 (5 ans.)		
	NOMBRES ABSOLUS		Pro-portion pour 10.000 habit.	NOMBRES ABSOLUS		Pro-portion pour 10.000 habit.	NOMBRES ABSOLUS		Pro-portion pour 10.000 habit.
	Total.	Moyenne annuelle.		Total.	Moyenne annuelle.		Total.	Moyenne annuelle.	
I. Répartition générale par périodes.									
Villes de plus de 3o.ooo hab.	19.299	4.824	7,4	21.645	4.329	6,1	16.194	3.239	4,3
Villes de 1o.oo1 à 3o.ooo hab.	8.579	2.145	7,0	16.533	3.306	6,1	12.149	2.430	4,3
Villes de 5.oo1 à 1o.ooo hab.	»	»	»						
Totaux.	27.878	6.969	7,3	38.178	7.635	6,1	28.343	5.669	4,3
Proportions extrèmes...	8,1 en 189o 6,8 en 1887			6,8 en 1891 5,3 en 1894			4,5 en 1898 4,2 en 1897 et 19oo		
Proportion par rapport au nombre des décès de toutes causes.	2,4 o/o 1 sur 41,5			2,6 o/o 1 sur 38,3			2,0 o/o 1 sur 5o		
II. Répartition par groupes de villes.									
I. Paris	6.099	1.525	6,5	5.915	1.183	4,8	3.685	737	2,9
II. Villes de 1oo.oo1 à 467.ooo h.	6.981	1.745	8,4	7.868	1.574	7,2	6.835	1.367	5,7
III. Villes de 3o.oo1 à 1oo.ooo h.	6.219	1.555	7,5	7.862	1.572	6,5	5.674	1.135	4,6
IV. Villes de 2o.oo1 à 3o.ooo h.	3.743	936	7,6	4.337	867	7,0	3.138	628	4,5
V. Villes de 1o.oo1 à 2o.ooo h.	4.836	1.209	6,5	5.604	1.121	6,1	3.924	785	4,1
VI. Villes de 5.oo1 à 1o.ooo h.	»	»	»	6.592	1.318	5,7	5.087	1.017	4,3
III. Répartition par groupes d'âges dans les villes de plus de 3o.ooo habit. (Proport. p. 1o.ooo déch. groupe.)									
de o à 1 an	7.297	1.824	205,2	8.333	1.667	168,4	6.468	1.294	122,2
de 1 à 19 ans	5.606	1.401	7,6	6.130	1.226	6,1	4.518	904	4,2
de 2o à 59 ans	1.170	292	1,2	1.175	235	0,9	1.011	202	0,7
de 4o à 59 ans	1.784	446	3,0	2.000	400	2,5	1.452	290	1,7
de 6o ans et au-dessus	3.442	860	14,7	4.007	801	12,7	2.745	549	8,3

IV. Répartition par villes de plus de 3o.ooo habit. Moyennes annuelles et proportions pour 1o.ooo habit.

Moyenne générale annuelle...

	de 1,5 à 25,4	de 1,3 à 25,2	de 1,2 à 31,8

Villes ayant présenté une moyenne supérieure à 1o,o :

PÉRIODE 1887-90		PÉRIODE 1891-95		PÉRIODE 1896-1900	
Tourcoing	10,3				
Roubaix	12,2	Roubaix	15,3		
Lille	18,4	Lille	10,1	Saint-Quentin	10,7
Calais	10,2				
Rennes	23,7	Rennes	18,6	Rennes	10,4
Lorient	11,4	Lorient	17,7		
Boulogne-s-Seine	12,6	Boulogne-s-Seine	13,3		
Clichy	11,0	Clichy	12,5	Clichy	11,0
Saint-Ouen	13,3	Saint-Ouen	25,2	Saint-Ouen	31,8
Périgueux	10,3				
Limoges	12,8	Limoges	12,0		
Clermont-Ferrand	25,4	Clermont-Ferrand	15,2	Clermont-Ferrand	10,7
Nice	12,3	Cette	15,1		
Béziers	16,0	Béziers	18,8	Béziers	10,6

Villes ayant présenté une moyenne inférieure à 2,5 :

PÉRIODE 1887-90		PÉRIODE 1891-95		PÉRIODE 1896-1900	
				Douai	1,5
				Lorient	2,1
				Saint-Nazaire	2,4
				Nantes	1,2
Le Mans	1,5	Le Mans	2,0	Le Mans	1,3
		Tours	1,3	Orléans	1,5
				Versailles	2,4
Levallois-Perret	2,2			Levallois-Perret	1,5
				Saint-Denis	2,3
				Troyes	2,1
Nancy	1,7			Nancy	1,9
				Bourges	1,5
				Angoulême	1,8
				Roanne	2,3
		Nimes	1,5	Nimes	1,2
		Perpignan	2,3	Perpignan	2,2
				Pau	2,1

XV

DÉCÈS PAR PNEUMONIE

ET BRONCHO-PNEUMONIE

DE 1896 A 1900

et comparaison avec les deux périodes précédentes.

NOMBRES ABSOLUS ET PROPORTIONNELS

Villes de plus de 5.000 habitants.

I. — RÉPARTITION GÉNÉRALE ANNUELLE PAR GROUPES DE VILLES

Villes de plus de 30.000 habitants.

II. — RÉPARTITION ANNUELLE PAR GROUPES DE VILLES ET PAR AGES

III. — RÉPARTITION PAR VILLES

IV. — RÉSULTATS GÉNÉRAUX ET RÉCAPITULATIFS

DÉCÈS PAR PNEUMONIE ET BRONCHO-PNEUMONIE DE 1896 A 1900

GROUPES DE VILLES	D'AGE	1896 Nombre absolu	1896 Proportion	1897 Nombre absolu	1897 Proportion	1898 Nombre absolu	1898 Proportion	1899 Nombre absolu	1899 Proportion	1900 Nombre absolu	1900 Proportion

I. — RÉPARTITION GÉNÉRALE PAR GROUPES DE VILLES DE PLUS DE 5.000 HABITANTS

PROPORTIONS POUR 10.000 HABITANTS

Groupe de villes	1896 Nombre absolu	1896 Proportion	1897 Nombre absolu	1897 Proportion	1898 Nombre absolu	1898 Proportion	1899 Nombre absolu	1899 Proportion	1900 Nombre absolu	1900 Proportion
I. Paris	3.628	14,4	3.595	14,1	4.147	16,1	4.347	16,7	4.356	16,5
II. Villes de 100.001 à 467.000 habitants	5.490	23,2	4.853	20,4	5.394	22,5	6.256	26,0	6.466	26,7
III. Villes de 30.001 à 100.000 habitants	3.961	16,3	3.727	15,2	4.517	18,2	4.895	19,4	5.168	20,3
IV. Villes de 20.001 à 30.000 habitants	2.501	18,3	2.287	16,5	2.776	19,8	3.105	21,9	3.298	22,9
V. Villes de 10.001 à 20.000 habitants	2.872	15,4	2.895	15,3	3.296	17,2	3.564	18,4	3.815	19,4
VI. Villes de 5.001 à 10.000 habitants	3.118	13,5	3.140	13,5	3.725	15,8	3.958	16,6	4.227	17,6
Totaux généraux — Villes de plus de 10.000 h.	8.452	17,5	17.359	16,3	20.130	18,7	22.167	20,4	23.103	21,0
Totaux généraux — Villes de plus de 5.000 h.	21.570	16,8	20.508	15,8	23.855	18,2	26.125	19,7	27.330	20,4

II. — RÉPARTITION PAR GROUPES D'AGES DANS LES VILLES DE PLUS DE 30.000 HABITANTS

PROPORTIONS POUR 10.000 INDIVIDUS DE CHAQUE GROUPE

Groupe	D'âge	1896 Nombre absolu	1896 Proportion	1897 Nombre absolu	1897 Proportion	1898 Nombre absolu	1898 Proportion	1899 Nombre absolu	1899 Proportion	1900 Nombre absolu	1900 Proportion
I. Paris	de 0 à 1 an	636	200,4	790	244,3	769	233,5	697	207,9	708	207,4
	de 1 à 19 ans	832	12,9	896	13,7	1.153	17,4	974	14,6	931	13,8
	de 20 à 39 ans	302	3,0	251	2,4	282	2,7	325	3,1	340	3,2
	de 40 à 59 ans	669	11,0	591	9,6	652	10,5	760	12,1	824	13,0
	de 60 ans et au-dessus	1.189	52,9	1.057	51,5	1.291	62,0	1.591	76,0	1.553	73,8
II. Villes de 100.001 à 467.000 habit.	de 0 à 1 an	843	239,8	810	229,1	960	270,0	951	266,0	829	230,6
	de 1 à 19 ans	1.272	18,2	972	13,8	1.077	15,2	1.355	19,1	1.012	14,2
	de 20 à 39 ans	465	5,3	391	4,4	437	4,9	505	5,7	583	6,5
	de 40 à 59 ans	939	17,3	830	15,2	893	16,3	1.093	19,8	1.227	22,1
	de 60 ans et au-dessus	1.971	92,2	1.852	86,1	2.027	93,7	2.352	108,2	2.815	128,8
III. Villes de 30.001 à 100.000 habit.	de 0 à 1 an	664	182,4	720	195,2	857	229,4	801	211,7	831	216,9
	de 1 à 19 ans	855	11,4	770	10,2	902	11,7	991	12,7	886	11,2
	de 20 à 39 ans	413	4,6	366	4,0	404	4,4	523	5,6	562	5,9
	de 40 à 59 ans	677	13,4	585	11,4	714	13,7	800	15,2	874	16,4
	de 60 ans et au dessus	1.347	58,5	1.286	55,1	1.640	69,4	1.780	74,4	2.015	83,2

	Années	0 à 1 an	1 à 19 ans	20 à 39 ans	40 à 59 ans	60 ans et au-dessus
RÉCAPITULATION PAR PÉRIODES (Nombres absolus.)	1896	2.143	2.959	1.185	2.285	4.507
	1897	2.320	2.638	1.008	2.006	4.205
	1898	2.580	3.132	1.123	2.259	4.958
	1899	2.449	3.320	1.353	2.653	5.723
	1900	2.368	2.829	1.485	2.925	6.383
Totaux	(5 ans.)	11.866	14.878	6.154	12.128	25.776

III. — RÉPARTITION DANS LES VILLES DE PLUS DE 30.000 HABITANTS

PROPORTIONS POUR 10.000 HABITANTS PAR COMPARAISON AVEC LES DEUX PÉRIODES PRÉCÉDENTES

NUMÉROS D'ORDRE	DÉPARTEMENTS par GROUPEMENT GÉOGRAPHIQUE du nord au sud.	NOMS DES VILLES	NOMBRES ABSOLUS							PROPORTION		
			1896	1897	1898	1899	1900	TOTAL	MOYENNE annuelle	1887-90	1891-95	1896-1900
1		Dunkerque	42	53	60	29	46	230	46	28,4	25,7	11,6
2		Tourcoing	142	135	123	174	173	747	149	17,3	19,9	19,5
3	Nord	Roubaix	175	140	215	204	241	975	195	15,4	14,9	15,7
4		Lille	413	382	398	403	389	1.985	397	20,0	22,4	18,6
5		Douai	45	44	58	38	55	240	48	11,7	15,8	14,6
6	Pas-de-Calais	Calais	109	58	133	82	117	499	100	16,8	24,4	17,2
7		Boulogne-sur-Mer	73	78	94	79	93	417	83	23,9	25,1	17,2
8	Somme	Amiens	80	96	115	77	84	452	90	13,3	15,5	10,0
9	Aisne	Saint-Quentin	30	28	57	53	62	230	46	17,5	9,3	9,3
10	Seine-inférieure	Le Havre	286	169	231	268	216	1.170	234	26,2	23,0	18,8
11		Rouen	258	282	266	326	298	1.430	286	27,4	28,7	16,2
12	Calvados	Caen	36	27	28	52	50	193	39	8,1	12,6	8,6
13	Manche	Cherbourg	62	41	41	64	75	283	57	7,9	20,3	13,6
14	Ille-et-Vilaine	Rennes	116	79	124	163	169	651	130	23,7	22,5	18,1
15	Finistère	Brest	161	126	213	234	200	934	187	29,4	42,7	23,9
16	Morbihan	Lorient	110	104	110	151	125	600	120	10,5	7,6	27,9
17	Loire-inférieure	Saint-Nazaire	47	48	45	71	64	275	55	25,8	16,0	16,6
18		Nantes	171	216	207	183	270	1.047	209	28,5	24,7	16,3
19	Maine-et-Loire	Angers	8	13	3	64	74	»	»	»	»	»
20	Sarthe	Le Mans	83	101	114	108	117	523	105	23,0	25,9	17,1
21	Indre-et-Loire	Tours	94	87	112	99	111	503	101	15,1	18,7	15,7
22	Loiret	Orléans	98	96	102	128	101	525	105	23,7	20,6	15,7
23	Seine-et-Oise	Versailles	112	119	117	155	138	641	128	26,7	24,6	23,5
24		Boulogne-sur-Seine	60	44	73	83	93	353	71	16,5	19,9	17,4
25		Paris	3.628	3.595	4.147	4.347	4.356	20.073	4.015	19,6	18,9	15,5
26		Neuilly-sur-Seine	32	38	40	49	37	196	39	19,6	15,7	11,2
27	Seine	Levallois-Perret	89	101	122	129	114	555	111	51,1	35,8	21,2
28		Clichy	49	50	46	67	53	265	53	22,0	21,0	14,5
29		Saint-Ouen	51	50	73	73	100	347	69	25,3	21,6	20,9
30		Saint-Denis	123	119	135	135	132	644	129	19,9	24,1	22,4
31	Aube	Troyes	73	84	88	132	120	497	99	20,7	25,8	18,7
32	Marne	Reims	129	145	154	125	137	690	138	17,7	13,6	12,8
33	Meurthe-et-Moselle	Nancy	221	207	239	281	294	1.242	248	22,2	25,8	25,0
34	Doubs	Besançon	105	136	140	157	223	761	152	19,5	24,1	26,8
35	Côte-d'Or	Dijon	99	77	97	128	143	544	109	18,6	22,4	15,7
36	Cher	Bourges	30	41	64	50	40	225	45	14,3	17,9	10,0
37	Vienne	Poitiers	4	25	49	63	37	178	36	»	»	9,2
38	Charente-inférieure	Rochefort	55	51	72	85	66	329	66	19,9	19,9	18,7
39	Gironde	Bordeaux	320	352	428	438	416	1.954	391	20,5	19,7	15,2
40	Dordogne	Périgueux	69	37	74	67	43	290	58	26,9	22,8	18,4
41	Charente	Angoulême	60	58	71	68	79	336	67	14,4	20,2	17,7
42	Haute-Vienne	Limoges	171	124	190	160	181	826	165	25,8	30,5	20,4
43	Puy-de-Dôme	Clermont-Ferrand	56	41	58	52	60	267	53	19,3	13,6	10,3
44	Allier	Montluçon	25	21	12	37	51	146	29	14,8	13,6	8,7
45	Saône-et-Loire	Le Creusot	102	49	56	115	95	417	83	18,5	22,3	26,6
46	Loire	Roanne	77	70	72	81	98	398	80	»	21,2	23,3
47		Saint-Étienne	361	342	302	351	394	1.750	350	29,3	23,2	24,8
48	Rhône	Lyon	823	753	1.068	1.088	1.255	4.987	997	21,2	21,0	21,5
49	Isère	Grenoble	80	71	124	104	153	532	106	20,4	20,1	16,0
50	Alpes-maritimes	Nice	185	199	187	258	210	1.039	208	19,5	19,9	19,6
51	Var	Toulon	190	141	160	171	138	800	160	29,9	20,7	16,2
52	Vaucluse	Avignon	77	61	64	69	81	352	70	22,7	20,9	15,3
53	Gard	Nîmes	172	166	215	186	217	956	191	27,7	25,8	24,6
54	Bouches-du-Rhône	Marseille	1.972	1.551	1.461	2.207	2.100	9.291	1.858	35,5	31,8	39,6
55		Montpellier	143	232	206	221	278	1.080	216	51,8	35,4	28,9
56	Hérault	Cette	44	30	34	37	58	203	41	7,1	10,8	12,5
57		Béziers	108	138	144	134	136	660	132	6,8	29,2	28,4
58	Pyrénées-orientales	Perpignan	79	75	72	84	113	423	85	28,5	27,1	21,0
59	Haute-Garonne	Toulouse	397	324	477	403	540	2.143	429	27,1	24,4	23,7
60	Basses-Pyrénées	Pau	69	57	78	56	81	341	68	15,3	11,6	20,2

(*) Renseignements incomplets pour tout ou partie des périodes.

IV. — RÉSULTATS GÉNÉRAUX ET RÉCAPITULATIFS PAR PÉRIODES

		PÉRIODE 1887-90 4 ans (sauf exceptions indiquées).			PÉRIODE 1891-95 5 ans.			PÉRIODE 1896-1900 5 ans.		
		NOMBRES ABSOLUS		Pro-portion pour 10.000 habit.	NOMBRES ABSOLUS		Pro-portion pour 10.000 habit.	NOMBRES ABSOLUS		Pro-portion pour 10.000 habit.
		Total.	Moyenne an-nuelle.		Total.	Moyenne an-nuelle.		Total.	Moyenne an-nuelle.	
I. Répartition générale par périodes.	Villes de plus de 30.000 hab...	56.556	14.139	21,8	76.249	15.250	21,6	70.802	14.160	19,0
	Villes de 10.001 à 30.000 hab..	24.432	6.108	19,9	54.034	10.986	20,4	48.586	9.717	17,1
	Villes de 5.001 à 10.000 hab.. (*) 2 ans.	*6.894	3.447	15,1						
	Totaux	87.882	23.694	20,6	131.183	26.236	21,1	119.388	23.877	18,2
	Proportions extrêmes....	24,6 en 1890 / 17,2 en 1889			22,3 en 1893 / 18,3 en 1894			20,4 en 1900 / 15,8 en 1897		
	Proportion par rapport au nombre des décès de toutes causes.	8,2 o/o / 1 sur 12,2			8,9 o/o / 1 sur 11,1			8,4 o/o / 1 sur 11,9		
II. Répartition par groupes de villes.	I. Paris	18.372	4.593	19,6	23.315	4.663	18,9	20.073	4.015	15.6
	II. Villes de 100.001 à 467.000 h.	20.926	5.231	25,2	26.834	5.367	24,5	28.461	5.692	23,8
	III. Villes de 30.001 à 100.000 h.	17.258	4.314	20,8	26.100	5.220	21,7	22.268	4.454	17,9
	IV. Villes de 20.001 à 30.000 h.	10.305	2.576	21,0	15.115	3.023	24,4	13.967	2.793	19,9
	V. Villes de 10.001 à 20.000 h.	14.127	3.532	19,1	19.205	3.841	20,9	16.442	3.288	17,2
	VI. Villes de 5.001 à 10.000 h. (*) 2 ans.	*6.894	3.447	15,1	20.614	4.123	17.9	18.177	3.635	15,4
III. Répartition par groupes d'âges dans les villes de plus de 30.000 habit. Proport. p. 10.000 de ch. groupe	de 0 à 1 an	8.170	2.042	229,7	11.467	2.294	231,7	11.866	2.373	224,2
	de 1 à 19 ans	11.188	2.797	15,1	14.591	2.918	14,4	14.878	2.976	13,9
	de 20 à 39 ans	5.749	1.437	5,8	7.100	1.420	5,3	6.154	1.231	4,3
	de 40 à 59 ans	10.728	2.682	18,2	13.851	2.770	17,4	12.128	2.425	14,4
	de 60 ans et au-dessus	20.721	5.180	88,9	29.240	5.848	93,0	25.776	5.155	78,0

IV. Répartition par villes de plus de 30.000 habit. Moyennes annuelles et proportions pour 10.000 habit.

Moyenne générale annuelle.... : 11,7 à 51,8 | 9,3 à 42,7 | 8,7 à 39,6

Villes ayant présenté une moyenne supérieure à 25,0 :

Période 1887-90		Période 1891-95		Période 1896-1900	
Dunkerque	28,4	Dunkerque	25,7	Lorient	27,9
Le Havre	26,2	Boulogne-sur-mer	25,1		
Rouen	27,4	Rouen	28,7		
Brest	29,4	Brest	42,7		
Saint-Nazaire	25,8				
Nantes	28,5	Le Mans	25,9		
Versailles	26,7				
Levallois-Perret	51,1	Levallois-Perret	35,8	Besançon	26,8
Saint-Ouen	25,3	Troyes	25,8	Le Creusot	26,6
Périgueux	26,9	Limoges	30,5		
Limoges	25,8				
Saint-Etienne	29,3	Saint-Etienne	28,2		
Toulon	29,9				
Nimes	27,7	Nimes	25,3	Marseille	39,6
Marseille	35,5	Marseille	31,8	Montpellier	28,9
Montpellier	51,8	Montpellier	35,4	Béziers	26,4
		Béziers	29,2		
Perpignan	28,5	Perpignan	27,1		
Toulouse	27,4			Toulouse	28,7

Villes ayant présenté une moyenne inférieure à 15,0 :

Période 1887-90		Période 1891-95		Période 1896-1900	
				Dunkerque	11,6
Douai	11,7			Douai	14,6
		Roubaix	14,9		
Amiens	13,3			Amiens	10,0
		Saint-Quentin	9,3	Saint-Quentin	9,3
				Neuilly-sur-Seine	11,2
				Clichy	14,5
		Reims	13,6	Reims	12,8
Bourges	14,3			Bourges	10,0
Angoulême	14,4				
		Clermont-Ferrand	13,6	Clermont-Ferrand	10,3
Montluçon	14,8	Montluçon	13,6	Montluçon	8,7
		Cette	10,8	Cette	12,5

XVI

DÉCÈS PAR GRIPPE

RÉSULTANT DE L'EXCÈS DE MORTALITÉ DUE AUX

BRONCHITE AIGUË, BRONCHITE CHRONIQUE, PNEUMONIE ET BRONCHO-PNEUMONIE RÉUNIES

(CHAPITRES XIII, XIV ET XV)

DE 1896 A 1900

et comparaison avec les deux périodes précédentes

NOMBRES ABSOLUS ET PROPORTIONNELS

Villes de plus de 30.000 habitants.

I. — RÉPARTITION MENSUELLE

II. — RÉSULTATS GÉNÉRAUX ET RÉCAPITULATIFS

 GRIPPE. — MORTALITÉ PAR BRONCHITE AIGUE, BRONCHITE CHRONIQUE,

PNEUMONIE ET BRONCHO-PNEUMONIE RÉUNIES DE 1896 A 1900

— RÉ'ARTITION MENSUELLE POUR L'ENSEMBLE DES VILLES AYANT PLUS DE 30,000 HABITANTS (Groupes I, II et III).

PROPORTIONS POUR 100.000 HABITANTS

MOIS	1896		1897		1898		1899		1900	
	Nombre.	Proportion.	Nombre.	Proportion.	Nombre.	Proportion.	Nombre.	Proportion.	Nombre.	Proportion.
Janvier	2.322	.....	2.710	.....	3.319	.....	2.154	.....	3.562	.....
	.....	31,81	.....	36,75	.....	44,56	.....	28,63	.....	46,88
Février	2.360	.....	2.338	.....	2.900	.....	2.222	.....	4.077	.....
	.....	32,33	.....	31,71	.....	38,93	.....	29,54	.....	53,66
Mars	2.447	.....	2.275	.....	2.737	.....	3.383	.....	2.954	.....
	.....	33,52	.....	30,85	.....	36,75	.....	44,97	.....	38,88
Avril	2.192	.....	1.947	.....	2.397	.....	2.899	.....	2.683	.....
	.....	30,03	.....	26,40	.....	32,18	.....	38,53	.....	35,31
Mai	2.085	.....	1.623	.....	1.610	.....	2.024	.....	1.850	.....
	.....	28,57	.....	22,01	.....	21,61	.....	26,90	.....	24,35
Juin	1.353	.....	1.119	.....	1.310	.....	1.503	.....	1.358	.....
	.....	18,54	.....	15,17	.....	17,50	.....	19,98	.....	17,87
Juillet	1.204	.....	943	.....	1.241	.....	1.163	.....	1.188	.....
	.....	16,50	.....	12,79	.....	16,66	.....	15,46	.....	15,63
Aout	1.058	.....	965	.....	1.100	.....	1.041	.....	921	.....
	.....	14,49	.....	13,09	.....	14,77	.....	13,84	.....	12,12
Septembre	975	.....	920	.....	966	.....	985	.....	913	.....
	.....	13,36	.....	12,48	.....	12,97	.....	13,09	.....	12,02
Octobre	1.144	.....	1.160	.....	1.336	.....	1.265	.....	1.122	.....
	.....	15,67	.....	15,73	.....	17,94	.....	16,81	.....	14,77
Novembre	1.628	.....	1.549	.....	1.388	.....	1.438	.....	1.538	.....
	.....	22,30	.....	21,01	.....	18,63	.....	19,11	.....	20,24
Décembre	2.333	.....	2.389	.....	2.012	.....	3.326	.....	1.855	.....
	.....	31,96	.....	32,40	.....	27,01	.....	44,21	.....	24,41
Totaux	21.101	.....	19.938	.....	22.316	.....	23.403	.....	24.021	.....
	.....	289,10	.....	270,40	.....	299,61	.....	311,09	.....	316,15

BRONCHITE AIGUE, BRONCHITE CHRONIQUE, PNEUMONIE ET BRONCHO-PNEUMONIE RÉUNIES DE 1887 A 1900

II — RÉSULTATS GÉNÉRAUX ET RÉCAPITULATIFS PAR PÉRIODES

		PÉRIODE 1887-90 (4 ans)			PÉRIODE 1891-95 (5 ans)			PÉRIODE 1896-1900 (5 ans)		
		NOMBRES ABSOLUS Total.	Moyenne annuelle.	Proportion pour 10.000 habit.	NOMBRES ABSOLUS Total.	Moyenne annuelle.	Proportion pour 10.000 habit.	NOMBRES ABSOLUS Total.	Moyenne annuelle.	Proportion pour 10.000 habit.
I — Répartition générale par périodes.	Villes de plus de 30.000 habit.	101.596	25.399	39,1	129.043	25.808	36,6	110.779	22.156	29,7
	Villes de 10.001 à 30.000 hab.	44.065	11.016	35,9	96.511	19.302	35,9	83.133	16.626	29,3
	Villes de 5.001 à 10.000 hab.	»	»	»						
	TOTAUX	145.661	36.415	38,1	225.554	45.110	36,3	193.912	38.782	29,5
	Proportions extrêmes	43,8 en 1890 / 33,0 en 1889			39,0 en 1891 / 31,8 en 1894			31,9 en 1900 / 26,9 en 1897		
	Proportion par rapport au nombre des décès de toutes causes.	12,6 o/o / 1 sur 7,9			15,4 o/o / 1 sur 6,5			13,7 o/o / 1 sur 7,3		
II — Répartition par groupes de villes.	I. Paris	32.518	8.129	34,7	37.777	7.555	30,7	29.700	5.940	23,1
	II. Villes de 100.001 à 467.000 h.	35.991	8.998	43,4	44.713	8.943	40,8	43.481	8.696	36,3
	III. Villes de 30.001 à 100.000 h.	33.087	8.272	39,9	46.553	9.310	38,8	37.598	7.520	30,2
	IV. Villes de 20.001 à 30.000 h.	18.280	4.570	37,3	25.563	5.112	41,3	22.852	4.570	32,6
	V. Villes de 10.001 à 20.000 b.	25.785	6.446	34,9	33.699	6.740	36,7	23.255	5.651	29,5
	VI. Villes de 5.001 à 10.000 h.	»	»	»	37.249	7.450	32,3	32.026	6.405	27,2
III — Répartition par groupes d'âges dans les villes de plus de 30.000 habit. (Propart. p. 10.000 de ch. groupe)	de 0 à 1 an	16.065	4.016	451,7	20.319	4.064	410,5	18.727	3.745	353,8
	de 1 à 19 ans	18.410	4.602	24,8	22.230	4.446	22,0	20.428	4.086	19,1
	de 20 à 39 ans	10.208	2.552	10,3	11.754	2.351	8,7	9.968	1.994	7,0
	de 40 à 59 ans	18.397	4.599	31,2	22.865	4.573	28,7	19.212	3.842	22,8
	de 60 ans et au-dessus	38.516	9.629	165,2	51.875	10.375	165,0	42.444	8.489	128,5
IV — Répartition par saisons dans les villes de plus de 30.000 habit.	Hiver (décemb., janv., fév.) (*) / (*) Moins décembre 1886.	*36.093	9.723	15,0	51.631	10.326	14,6	39.915	7.983	10,7
	Printemps (mars, avril, mai)	30.546	7.636	11,8	40.407	8.081	11,5	35.106	7.021	9,4
	Été (juin, juillet, août)	14.789	3.697	5,7	18.615	3.723	5,3	17.467	3.493	4,7
	Automne (sept., oct., nov.)	17.030	4.257	6,5	19.637	3.927	5,6	18.327	3.665	4,9
V — Répartition par villes de plus de 30.000 habit. Moyennes annuelles et proportions pour 10.000 habit.	Moyenne générale annuelle	23,0 à 80,0			23,2 à 81,1			17,7 à 74,5		

V — Répartition par villes de plus de 30.000 habit. Moyennes annuelles et proportions pour 10.000 habit.

Villes ayant présenté une moyenne supérieure à 45,0 :

PÉRIODE 1887-90		PÉRIODE 1891-95		PÉRIODE 1896-1900	
Lille	49,4	Calais	45,8		
Cherbourg	45,7				
Rennes	68,8	Rennes	59,8	Rennes	45,2
Brest	80,0	Brest	81,1	Brest	47,8
Saint-Nazaire	45,4	Lorient	48,0	Lorient	50,5
		Levallois-Perret	48,7		
Clichy	48,6	Clichy	45,8		
Saint-Ouen	49,7	Saint-Ouen	68,8	Saint-Ouen	74,5
Périgueux	50,5				
Limoges	52,1	Limoges	56,4		
Clermont-Ferrand	54,7				
Saint-Étienne	51,1	Saint Étienne	46,8		
Nice	55,4	Nice	45,3		
Toulon	58,7				
Avignon	46,9				
Nîmes	46,6	Marseille	46,4	Marseille	52,4
Montpellier	51,8	Montpellier	48,6		
		Béziers	52,1		

Villes ayant présenté une moyenne inférieure à 25,0 :

PÉRIODE 1887-90		PÉRIODE 1891-95		PÉRIODE 1896-1900	
Douai	23,0	Douai	23,2	Douai	19,4
		Saint-Quentin	24,9	Amiens	21,8
				Rouen	24,8
				Nantes	22,2
				Orléans	19,4
				Paris	22,9
				Neuilly-sur Seine	19,8
				Reims	24,0
				Dijon	22,4
				Bourges	17,7
				Bordeaux	24,6
				Grenoble	24,4
				Cette	21,9

XVII

DÉCÈS PAR CANCER ET AUTRES TUMEURS

DE 1896 A 1900

et comparaison avec les deux périodes précédentes.

NOMBRES ABSOLUS ET PROPORTIONNELS

Villes de plus de 5.000 habitants.

I. — RÉPARTITION GÉNÉRALE ANNUELLE PAR GROUPES DE VILLES

Villes de plus de 30.000 habitants.

II. — RÉPARTITION ANNUELLE PAR GROUPES DE VILLES ET PAR AGES
III. — RÉPARTITION PAR VILLES
IV. — RÉSULTATS GÉNÉRAUX ET RÉCAPITULATIFS

DÉCÈS PAR CANCER ET AUTRES TUMEURS DE 1896 A 1900

GROUPES		1896		1897		1898		1899		1900	
DE VILLES	D'AGE	Nombre absolu.	Proportion.	Nombre absolu.	Proportion.	Nombre absolu.	Proportion.	Nombre absolu.	Proportion.	Nombre absolu.	Proportion.

I. — RÉPARTITION GÉNÉRALE PAR GROUPÉS DE VILLES DE PLUS DE 5.000 HABITANTS

PROPORTIONS POUR 10.000 HABITANTS

	1896		1897		1898		1899		1900	
I. Paris	2.919	11,6	2.965	11,7	3.049	11,8	3.008	11,6	3.005	11,4
II. Villes de 100.001 à 467.000 habitants	2.536	10,7	2.620	11,0	2.641	11,0	2.759	11,5	2.837	11,7
III. Villes de 30.001 à 100.000 habitants	2.329	9,6	2.416	9,8	2.393	9,6	2.639	10,5	2.671	10,5
IV. Villes de 20.001 à 30.000 habitants	1.155	8,4	1.260	9,1	1.301	9,3	1.315	9,3	1.365	9,5
V. Villes de 10.001 à 20.000 habitants	1.592	8,5	1.731	9,1	1.706	8,9	1.680	8,7	1.753	8,9
VI. Villes de 5.001 à 10.000 habitants	1.681	7,3	1.630	7,0	1.699	7,2	1.760	7,4	1.761	7,3
TOTAUX GÉNÉRAUX. Villes de plus de 10.000 h.	10.531	10,0	10.992	10,3	11.090	10,3	11.401	10,5	11.631	10,6
Villes de plus de 5.000 h.	12.212	9,5	12.631	9,7	12.789	9,7	13.161	9,9	13.392	10,0

II. — RÉPARTITION PAR GROUPES D'AGES DANS LES VILLES DE PLUS DE 30.000 HABITANTS

PROPORTIONS POUR 10.000 INDIVIDUS DE CHAQUE GROUPE

		1896		1897		1898		1899		1900	
I. Paris	de o à 1 an	1	0,3	1	0,3	1	0,3	–	–	3	0,9
	de 1 à 19 ans	13	0,2	28	0,4	19	0,3	18	0,3	18	0,3
	de 20 à 39 ans	296	2,9	264	2,6	243	2,3	289	2,7	260	2,4
	de 40 à 59 ans	1.305	21,5	1.328	21,7	1.402	22,6	1.344	21,5	1.374	21,8
	de 60 ans et au-dessus	1.304	63,3	1.344	64,9	1.384	66,5	1.357	64,9	1.350	64,2
II. Villes de 100.001 à 467.000 habit.	de o à 1 an	3	0,8	–	–	3	0,8	1	0,3	1	0,3
	de 1 à 19 ans	24	0,3	24	0,3	20	0,3	19	0,3	19	0,3
	de 20 à 39 ans	217	2,5	184	2,1	222	2,5	221	2,5	244	2,7
	de 40 à 59 ans	1.046	19,3	1.106	20,3	1.101	20,1	1.161	21,0	1.235	22,3
	de 60 ans et au dessus	1.246	58,3	1.306	60,7	1.295	59,9	1.357	62,4	1.338	61,2
III. Villes de 30.001 à 100.000 habit.	de o à 1 an	8	2,2	6	1,6	3	0,8	8	2,1	6	1,6
	de 1 à 19 ans	18	0,2	28	0,4	30	0,4	24	0,3	31	0,4
	de 20 à 39 ans	185	2,0	220	2,4	233	2,5	242	2,6	240	2,5
	de 40 à 59 ans	933	18,4	1.009	19,7	962	18,5	1.095	20,8	1.092	20,5
	de 60 ans et au-dessus	1.185	51,5	1.153	49,4	1.165	49,3	1.270	53,1	1.302	53,7

	Années.	o à 1 an.	1 à 19 ans.	20 à 39 ans.	40 à 59 ans.	60 ans et au-dessus.
RÉCAPITULATION PAR PÉRIODES (Nombres absolus.)	1896	12	55	698	3.284	3.735
	1897	7	80	668	3.443	3.803
	1898	7	69	698	3.465	3.844
	1899	9	61	752	3.600	3.984
	1900	10	68	744	3.701	3.990
TOTAUX	(5 ans.)	45	333	3.560	17.493	19.356

III. — RÉPARTITION DANS LES VILLES DE PLUS DE 30.000 HABITANTS

PROPORTIONS POUR 10.000 HABITANTS PAR COMPARAISON AVEC LES DEUX PÉRIODES PRÉCÉDENTES

NUMÉROS d'ordre	DÉPARTEMENTS par GROUPEMENT GÉOGRAPHIQUE du nord au sud.	NOMS DES VILLES	NOMBRES ABSOLUS						MOYENNE annuelle.	PROPORTION		
			1896	1897	1898	1899	1900	TOTAL		1887-90	1891-95	1896-1900
1	Nord	Dunkerque*	44	42	37	37	50	210	42	»	10,4	10,6
2		Tourcoing*	51	44	49	45	78	267	53	»	1,9	6,9
3		Roubaix	97	77	88	101	107	470	94	7,8	7,6	7,5
4		Lille	235	214	256	236	267	1.208	242	11,6	11,7	11,3
5	Pas-de-Calais	Douai	34	35	37	39	39	184	37	10,0	10,3	11,3
6		Calais	49	39	50	53	47	238	48	7,9	10,9	8,3
7		Boulogne-sur-mer	49	64	59	68	69	309	62	11,5	17,5	12,9
8	Somme	Amiens	114	102	128	108	103	555	111	8,4	12,4	12,4
9	Aisne	Saint-Quentin	58	70	78	76	94	376	75	11,2	13,9	15,1
10	Seine-Inférieure	Le Havre	132	125	123	124	167	671	134	9,7	10,4	10,8
11		Rouen	188	210	174	199	195	966	193	13,5	16,3	16,8
12	Calvados	Caen*	43	32	33	35	26	169	34	3,1	6,7	7,5
13	Manche	Cherbourg	16	19	18	7	19	79	16	5,3	5,0	3,8
14	Ille-et-Vilaine	Rennes*	63	69	59	69	81	341	68	1,9	5,2	9,5
15	Finistère	Brest	51	60	42	51	54	258	52	5,6	7,8	6,6
16	Morbihan	Lorient	27	32	28	18	33	138	28	9,5	8,6	6,5
17	Loire-inférieure	Saint-Nazaire	5	8	24	16	14	67	13	4,3	3,6	3,9
18		Nantes	145	143	176	142	159	765	153	8,9	9,0	11,9
19	Maine-et-Loire	Angers*	1	»	1	30	32	»	»	»	»	»
20	Sarthe	Le Mans*	122	98	107	118	100	545	109	1,7	7,3	17,7
21	Indre-et-Loire	Tours	77	91	76	114	84	442	88	12,9	13,4	13,7
22	Loiret	Orléans	103	103	95	106	113	520	104	12,0	14,7	15,6
23	Seine-et-Oise	Versailles*	86	78	92	107	105	468	94	4,6	14,2	17,3
24		Boulogne-sur-Seine	54	59	55	60	57	285	57	13,6	15,9	14,0
25		Paris	2.919	2.965	3.049	3.008	3.005	14.946	2.989	11,4	11,2	11,5
26		Neuilly-sur-Seine	54	58	42	48	59	261	52	14,9	15,4	15,0
27	Seine	Levallois-Perret	38	44	48	47	49	226	45	14,3	10,0	8,6
28		Clichy	43	41	35	50	38	207	41	11,7	9,7	11,2
29		Saint-Ouen	38	35	36	33	52	194	39	10,3	12,1	11,8
30		Saint-Denis	50	43	50	62	63	268	54	8,6	10,1	9,4
31	Aube	Troyes	27	39	37	30	46	179	36	6,8	7,8	6,8
32	Marne	Reims	127	171	149	152	159	758	152	8,1	11,5	14,1
33	Meurthe-et-Moselle	Nancy	154	146	158	182	150	790	158	14,0	14,5	15,9
34	Doubs	Besançon	74	77	80	70	81	382	76	13,3	11,7	13,4
35	Côte d'Or	Dijon	100	90	91	131	99	511	102	13,1	14,4	14,7
36	Cher	Bourges	43	49	45	44	33	214	43	8,8	9,2	9,5
37	Vienne	Poitiers*	»	9	20	22	17	»	»	»	»	»
38	Charente-inférieure	Rochefort	19	27	27	25	39	137	27	7,4	8,3	7,7
39	Gironde	Bordeaux	251	283	261	270	251	1.316	263	6,0	9,4	10,2
40	Dordogne	Périgueux	20	19	10	17	15	81	16	2,3	3,5	5,1
41	Charente	Angoulême	18	27	20	19	30	114	23	4,2	8,1	6,1
42	Haute-Vienne	Limoges*	85	149	92	122	108	556	111	1,5	5,1	13,7
43	Puy-de-Dôme	Clermont-Ferrand*	»	»	»	10	36	»	»	3,3	»	»
44	Allier	Montluçon*	35	21	13	25	16	110	22	1,4	2,0	6,6
45	Saône-et-Loire	Le Creusot	33	39	38	36	32	178	36	8,7	8,0	11,5
46	Loire	Roanne	27	48	40	35	38	188	38	»	8,6	11,1
47		Saint-Etienne	216	207	219	202	218	1.062	212	10,6	14,7	15,0
48	Rhône	Lyon	671	681	676	758	718	3.504	701	12,6	13,8	15,1
49	Isère	Grenoble	96	71	76	75	70	388	78	9,8	10,6	11,8
50	Alpes maritimes	Nice	72	65	86	76	85	384	77	4,9	5,7	7,3
51	Var	Toulon*	56	59	65	79	52	311	62	2,8	5,6	6,3
52	Vaucluse	Avignon	54	24	41	50	48	217	43	6,9	8,3	9,4
53	Gard	Nimes	66	72	73	61	75	347	69	5,9	7,5	8,9
54	Bouches-du-Rhône	Marseille	281	268	269	296	310	1.424	285	2,5	4,9	6,1
55	Hérault	Montpellier*	58	77	79	84	85	383	77	0,9	8,5	10,3
56		Cette*	6	15	12	11	11	55	11	6,3	9,0	3,9
57		Béziers	22	34	28	30	59	173	35	3,6	6,9	7,0
58	Pyrénées-orientales	Perpignan	34	25	28	31	29	147	29	4,7	7,3	8,2
59	Haute-Garonne	Toulouse	121	176	164	203	201	865	173	8,7	5,7	11,6
60	Basses-Pyrénées	Pau	32	33	41	53	43	202	40	8,0	10,7	11,9

(*) Renseignements incomplets pour tout ou partie des périodes.

IV. — RÉSULTATS GÉNÉRAUX ET RÉCAPITULATIFS PAR PÉRIODES

	PÉRIODE 1887-90 4 ans.			PÉRIODE 1891-95 5 ans. (sauf exceptions indiquées).			PÉRIODE 1896-1900 5 ans.		
	NOMBRES ABSOLUS		Proportion pour 10.000 habit.	NOMBRES ABSOLUS		Proportion pour 10.000 habit.	NOMBRES ABSOLUS		Proportion pour 10.000 habit.
	Total.	Moyenne annuelle		Total.	Moyenne annuelle		Total.	Moyenne annuelle	
I. Répartition générale par périodes.									
Villes de plus de 30.000 hab..	23.261	5.815	8,9	35.594	7.119	10,1	40.787	8.157	10,9
Villes de 10.001 à 30.000 hab.	8.834	2.208	7,2	13.111	2.622	8,5	23.398	4.680	8,2
Villes de 5.001 à 10.000 hab..	»	»	»	*6.415	1.604	6,9			
(*) 4 ans.									
Totaux........	32.095	8.023	8,4	55.120	11.345	9,1	64.185	12.837	9,8
Proportions extrêmes..	9,1 en 1890 / 7,6 en 1887			9,4 en 1895 / 8,7 en 1892			10,0 en 1900 / 9,5 en 1896		
Proportion par rapport au nombre des décès de toutes causes.	2,8 o/o / 1 sur 36			3,9 o/o / 1 sur 25,7			4,5 o/o / 1 sur 22,1		
II. Répartition par groupes de villes.									
I. Paris..................	10.664	2.666	11,4	13.852	2.770	11,3	14.946	2.989	11,6
II. Villes de 100.001 à 467.000 h.	7.251	1.813	8,7	11.125	2.225	10,2	13.393	2.679	11,2
III. Villes de 30.001 à 100.000 h.	5.346	1.336	6,4	10.617	2.423	8,8	12.448	2.490	10,0
IV. Villes de 20.001 à 30.000 h.	3.587	897	7,3	5.415	1.083	8,8	6.396	1.279	9,1
V. Villes de 10.001 à 20.000 h.	5.247	1.312	7,1	7.696	1.539	8,4	8.462	1.692	8,8
VI. Villes de 5.001 à 10.000 h..	»	»	»	*6.415	1.604	6,9	8.540	1.708	7,2
(*) 4 ans.									
III. Répartition par groupes d'âges dans les villes de plus de 30.000 habit. Propor. p. 10.000 de ch. groupe									
de 0 à 1 an................	60	15	1,7	84	17	1,7	45	9	0,8
de 1 à 19 ans..............	333	83	0,4	382	76	0,4	333	67	0,3
de 20 à 39 ans.............	2.310	577	2,3	3.353	671	2,5	3.560	712	2,5
de 40 à 59 ans.............	9.976	2.494	16,9	15.407	3.084	19,3	17.493	3.498	20,7
de 60 ans et au-dessus......	10.582	2.645	45,4	16.368	3.274	52,1	19.356	3.871	58,6

IV. Répartition par villes de plus de 30.000 habit. Moyennes annuelles et proportions pour 10.000 habit.

Moyenne générale annuelle... : de 2,3 à 14,9 | de 3,5 à 17,5 | de 3,3 à 17,7

Villes ayant présenté une moyenne supérieure à 13,0 :

PÉRIODE 1887-90		PÉRIODE 1891-95		PÉRIODE 1896-1900	
Rouen	13,5	Boulogne-sur-mer..	17,5	Saint-Quentin....	15,1
		Rouen	16,3	Rouen	16,8
				Le Mans	17,7
		Tours	13,4	Tours	13,7
		Orléans	14,7	Orléans	15,6
		Versailles	14,2	Versailles	17,3
Boulogne-s-Seine.	13.6	Boulogne-s-Seine..	15,9	Boulogne-s-Seine.	14,0
Neuilly-s-Seine...	14,9	Neuilly-s-Seine...	15,4	Neuilly-s-Seine...	15,0
Levallois-Perret..	14.3			Reims	14,1
Nancy	14,0	Nancy	14,5	Nancy	15,9
Besançon	13,3			Besançon	13,4
Dijon	13,1	Dijon	14,4	Dijon	14,7
				Limoges	13,7
		Saint-Étienne	14,7	Saint-Étienne	15,0
		Lyon	13,8	Lyon	15,1

Villes ayant présenté une moyenne inférieure à 7,0 :

PÉRIODE 1887-90		PÉRIODE 1891-95		PÉRIODE 1896-1900	
				Tourcoing	6,9
Cherbourg	5,3	Cherbourg	5,0	Cherbourg	3,8
Brest	5,6			Brest	6,6
		Rennes	5,2	Lorient	6,5
Saint-Nazaire	4,3	Saint-Nazaire	3,6	Saint-Nazaire	3,9
Bordeaux	6,0			Troyes	6,8
Périgueux	2,3	Périgueux	3,5	Périgueux	5,1
Angoulême	4,2			Angoulême	6,1
		Limoges	5,1	Montluçon	6,6
Nice	4,9	Nice	5,7		
Avignon	6,9	Toulon	5,6	Toulon	6,3
Nîmes	5,9	Marseille	4,9	Marseille	6,1
				Cette	3,3
Béziers	3,6	Béziers	6,9		
Perpignan	4,7	Toulouse	5,7		

XVIII

DÉCÈS PAR MALADIES ORGANIQUES DU CŒUR

DE 1896 A 1900

et comparaison avec les deux périodes précédentes.

NOMBRES ABSOLUS ET PROPORTIONNELS

Villes de plus de 5.000 habitants.

I. — RÉPARTITION GÉNÉRALE ANNUELLE PAR GROUPES DE VILLES

Villes de plus de 30.000 habitants.

II. — RÉPARTITION ANNUELLE PAR GROUPES DE VILLES ET PAR AGES

III. — RÉPARTITION PAR VILLES

IV. — RÉSULTATS GÉNÉRAUX ET RÉCAPITULATIFS

DÉCÈS PAR MALADIES ORGANIQUES DU CŒUR DE 1896 A 1900

GROUPES		1896		1897		1898		1899		1900	
DE VILLES	D'AGE	Nombre absolu.	Pro- portion.	Nombre absolu.	Pro- portion.	Nombre absolu.	Pro- portion.	Nombre absolu.	Pro- portion.	Nombre absolu.	Pro- portion.

I. — RÉPARTITION GÉNÉRALE PAR GROUPES DE VILLES DE PLUS DE 5.000 HABITANTS

PROPORTIONS POUR 10.000 HABITANTS

		1896		1897		1898		1899		1900	
I.	Paris	3.232	12,9	3.172	12,5	3.139	12,2	3.098	11,9	3.169	12,0
II.	Villes de 100.001 à 467.000 habitants.	3.467	14,7	3.598	15,1	3.759	15,7	3.844	16,0	3.982	16,5
III.	Villes de 30.001 à 100.000 habitants..	3.419	14,1	3.477	14,2	3.609	14,5	3.758	14,9	4.077	16,0
IV.	Villes de 20.001 à 30.000 habitants...	2.127	15,5	2.211	15,9	2.318	16,5	2.278	16,0	2.444	17,0
V.	Villes de 10.001 à 20.000 habitants...	2.613	14,0	2.577	13,6	2.668	13,9	2.764	14,2	2.816	14,3
VI.	Villes de 5.000 à 10.000 habitants....	2.852	12,3	2.916	12,5	2.946	12,5	3.212	13,5	3.460	14,4
TOTAUX GÉNÉRAUX.	Villes de plus de 10.000 h.	14.858	14,1	15.035	14,1	15.493	14,4	15.740	14,5	16.488	15,0
	Villes de plus de 5.000 h.	17.710	13,8	17.951	13,8	18.439	14,0	18.952	14,3	19.948	14,9

II. — RÉPARTITION PAR GROUPES D'AGES DANS LES VILLES DE PLUS DE 30.000 HABITANTS

PROPORTIONS POUR 10.000 INDIVIDUS DE CHAQUE GROUPE

		1896		1897		1898		1899		1900	
I. Paris	de 0 à 1 an	15	4,7	28	8,7	19	5,8	15	4,5	18	5,3
	de 1 à 19 ans	95	1,5	100	1,5	100	1,5	121	1,8	117	1,7
	de 20 à 39 ans	306	3,0	322	3,1	312	3,0	310	2,9	324	3,0
	de 40 à 59 ans	1.135	18,7	1.073	17,5	996	16,1	1.057	16,9	1.096	17,4
	de 60 ans et au-dessus	1.681	81,7	1.649	79,7	1.712	82,3	1.595	76,2	1.614	76,7
II. Villes de 100.001 à 467.000 habit.	de 0 à 1 an	7	2,0	31	8,7	23	6,5	20	5,6	27	7,5
	de 1 à 19 ans	130	1,9	125	1,8	130	1,8	153	2,1	150	2,1
	de 20 à 39 ans	335	3,8	355	4,0	357	4,0	360	4,1	371	4,2
	de 40 à 59 ans	1.021	18,8	1.003	18,4	1 067	19,5	1.068	19,4	1.093	19,7
	de 60 ans et au-dessus	1.974	92,3	2.084	96,9	2.182	100,9	2.243	103,2	2.341	107,1
III. Villes de 30.001 à 100.000 habit.	de 0 à 1 an	10	2,7	47	12,7	64	17,1	60	15,9	57	14,9
	de 1 à 19 ans	142	1,9	135	1,8	102	1,3	157	2,0	136	1,7
	de 20 à 39 ans	330	3,7	301	3,3	302	3,3	346	3,7	356	3,7
	de 40 à 59 ans	941	18,6	932	18,2	985	18,6	963	18,3	1.064	20,0
	de 60 ans et au-dessus	1.996	86,7	2.062	88,4	2.176	92,1	2.230	93,2	2.464	101,7

	Années.	0 à 1 an.	1 à 19 ans.	20 à 39 ans.	40 à 59 ans.	60 ans et au-dessus.
RÉCAPITULATION PAR PÉRIODES. (Nombres absolus.)	1896	32	367	971	3.097	5.651
	1897	106	360	978	3.008	5.795
	1898	106	332	971	3.028	6.070
	1899	95	431	1.016	3.088	6.068
	1900	102	403	1 051	3.253	6.419
TOTAUX	(5 ans.)	441	1.803	4.987	15.474	30.003

III. — RÉPARTITION DANS LES VILLES DE PLUS DE 30.000 HABITANTS

PROPORTIONS POUR 10.000 HABITANTS PAR COMPARAISON AVEC LES DEUX PÉRIODES PRÉCÉDENTES

NUMÉROS D'ORDRE	DÉPARTEMENTS par groupement géographique du nord au sud.	NOMS DES VILLES	NOMBRES ABSOLUS							PROPORTION		
			1896	1897	1898	1899	1900	TOTAL	MOYENNE annuelle.	1887-90	1891-95	1896-1900
1		Dunkerque	50	46	61	43	44	244	49	15,2	16,1	12,4
2		Tourcoing	54	46	62	54	72	288	58	9,3	7,5	7,6
3	Nord	Roubaix	136	117	119	101	128	601	120	13,0	10,2	9,6
4		Lille	229	223	276	303	273	1.304	261	12,5	11,6	12,2
5		Douai	54	55	48	68	74	299	60	14,7	19,6	18,3
6	Pas-de-Calais	Calais	63	74	61	54	60	312	62	6,0	10,1	10,7
7		Boulogne-sur-mer	68	58	53	71	72	322	64	16,2	13,7	13,3
8	Somme	Amiens	127	166	170	181	180	824	165	19,0	16,4	18,4
9	Aisne	Saint-Quentin	85	102	80	93	97	457	91	19,6	16,2	18,4
10	Seine-inférieure	Le Havre	159	160	192	230	225	966	191	14,0	12,3	15,4
11		Rouen	206	204	193	197	184	984	197	19,7	16,4	17,2
12	Calvados	Caen*	33	48	32	49	51	213	43	2,4	8,0	9,5
13	Manche	Cherbourg	35	38	39	43	38	193	39	8,2	10,3	9,3
14	Ille-et-Vilaine	Rennes	165	158	144	153	180	800	160	24,3	23,1	22,3
15	Finistère	Brest	68	80	61	64	73	346	69	10,3	11,7	8,8
16	Morbihan	Lorient	36	41	52	41	60	230	46	9,2	8,3	10,7
17	Loire-inférieure	Saint-Nazaire	33	21	36	39	48	177	35	9,1	7,5	10,6
18		Nantes	211	246	212	242	275	1.186	237	19,0	18,9	18,4
19	Maine-et-Loire	Angers*	8	6	5	49	49	»	»	»	»	»
20	Sarthe	Le Mans	97	111	103	98	147	556	111	14,5	17,3	18,0
21	Indre-et-Loire	Tours	77	96	118	101	135	527	105	16,6	15,5	16,4
22	Loiret	Orléans	122	87	85	99	85	478	96	15,3	13,4	14,4
23	Seine-et-Oise	Versailles	76	68	71	85	101	401	80	13,2	14,9	14,7
24		Boulogne-sur-Seine	87	77	76	103	85	428	86	23,7	25,1	21,1
25		Paris	3.232	3.172	3.139	3.098	3.169	15.810	3.162	12,7	12,6	12,2
26		Neuilly-sur-Seine	42	35	44	38	55	214	43	18,1	13,4	12,4
27	Seine	Levallois-Perret	86	68	68	72	51	345	69	9,2	15,1	13,2
28		Clichy	51	33	28	46	43	201	40	10,6	10,6	11,0
29		Saint-Ouen	33	58	77	71	84	323	65	17,6	13,5	19,7
30		Saint-Denis	79	81	72	98	118	448	90	15,0	18,3	15,7
31	Aube	Troyes	130	128	96	70	90	514	103	16,4	19,2	19,5
32	Marne	Reims	128	188	192	182	167	857	171	14,6	15,1	15,8
33	Meurthe-et-Moselle	Nancy	161	161	175	158	171	826	165	17,8	16,3	16,6
34	Doubs	Besançon	133	121	128	139	127	648	130	23,4	21,6	22,9
35	Côte-d'or	Dijon	105	98	109	95	92	499	100	18,6	17,1	14,4
36	Cher	Bourges	50	61	51	66	58	286	57	14,5	11,7	12,6
37	Vienne	Poitiers*	1	15	31	34	24	»	»	»	»	»
38	Charente-inférieure	Rochefort	23	29	30	28	21	131	26	5,0	6,2	7,4
39	Gironde	Bordeaux	382	434	402	419	454	2.091	418	15,3	14,8	16,3
40	Dordogne	Périgueux	63	63	73	81	87	367	73	15,0	24,1	23,1
41	Charente	Angoulême	32	46	53	42	34	207	41	8,5	9,7	10,8
42	Haute-Vienne	Limoges	96	123	115	150	118	602	120	8,6	10,2	14,8
43	Puy-de-Dôme	Clermont-Ferrand	81	96	127	133	143	580	116	19,5	18,0	22,5
44	Allier	Montluçon*	17	18	9	18	20	82	16	7,2	6,3	4,8
45	Saône-et-Loire	Le Creusot	34	46	42	37	37	196	39	13,0	9,0	12,5
46	Loire	Roanne*	72	68	76	75	87	378	76	»	22,5	22,1
47		Saint-Étienne	285	265	300	280	304	1.434	287	18,2	20,1	20,3
48	Rhône	Lyon	807	706	779	784	889	4.055	811	16,3	16,3	17,5
49	Isère	Grenoble	86	106	93	95	109	489	98	19,9	17,8	14,8
50	Alpes-maritimes	Nice	80	93	105	93	96	467	93	7,6	9,3	8,8
51	Var	Toulon	105	124	132	117	145	623	125	12,7	9,7	12,7
52	Vaucluse	Avignon	102	109	138	124	132	605	121	16,1	20,5	26,4
53	Gard	Nîmes	93	97	92	102	102	486	97	14,3	14,0	12,5
54	Bouches-du-Rhône	Marseille	565	530	596	608	638	2.937	587	10,8	11,7	12,5
55		Montpellier*	172	100	130	169	156	727	145	2,2	15,9	19,4
56	Hérault	Cette	39	31	51	36	53	210	42	22,4	18,6	12,8
57		Béziers	54	68	98	48	125	393	79	8,0	14,5	15,8
58	Pyrénées-orientales	Perpignan	58	45	49	60	60	272	54	17,0	14,9	15,2
59	Haute-Garonne	Toulouse	279	342	393	405	349	1.768	354	17,1	22,2	23,7
60	Basses-Pyrénées	Pau	83	71	65	66	84	369	74	23,0	21,6	22,0

(*) Renseignements incomplets pour tout ou partie des périodes.

IV. — RÉSULTATS GÉNÉRAUX ET RÉCAPITULATIFS PAR PÉRIODES

	PÉRIODE 1887-90 4 ans.			PÉRIODE 1891-95 5 ans (sauf exceptions indiquées.)			PÉRIODE 1896-1900 5 ans.		
	NOMBRES ABSOLUS		Proportion pour 10.000 habit.	NOMBRES ABSOLUS		Proportion pour 10.000 habit.	NOMBRES ABSOLUS		Proportion pour 10.000 habit.
	Total.	Moyenne annuelle.		Total.	Moyenne annuelle.		Total.	Moyenne annuelle.	
I — Répartition générale par périodes.									
Villes de plus de 30.000 hab..	35.531	8.883	13,7	49.256	9.851	14,0	52.798	10.560	14,2
Villes de 10.001 à 30.000 hab..	16.600	4.150	13,5	22.434	4.487	14,6	40.202	8.040	14,2
Villes de 5.001 à 10.000 hab..	»	»	»	*11.803	2.951	12,7			
(*) 4 ans.									
Totaux..........	52.131	13.033	13,6	83.493	17.289	13,9	93.000	18.600	14,2
Proportions extrêmes....	13,9 en 1890 / 13,2 en 1889			14,2 en 1895 / 13,6 en 1894			14,9 en 1900 / 13,8 en 1896-97		
Proportion par rapport au nombre des décès de toutes causes.	4,5 o/o — 1 sur 22,2			5,9 o/o — 1 sur 16,9			6,5 o/o — 1 sur 15,2		
II — Répartition par groupes de villes.									
I. Paris..................	11.893	2.793	11,9	15.616	3.123	12,7	15.810	3.162	12,3
II. Villes de 100.001 à 467.000 h.	12.497	3.124	15,1	16.479	3.296	15,0	18.650	3.730	15,6
III. Villes de 30.001 à 100.000 h.	11.141	2.785	13,4	17.161	3.432	14,3	18.338	3.668	14,7
IV. Villes de 20.001 à 30.000 h.	6.817	1.704	13,9	9.335	1.867	15,1	11.378	2.276	16,2
V. Villes de 10.001 à 20.000 h.	9.783	2.446	13,3	13.099	2.620	14,2	13.438	2.687	14,0
VI. Villes de 5.001 à 10.000 h.	»	»	»	*11.803	2.951	12,7	15.386	3.077	13,0
(*) 4 ans.									
III — Répartition par groupes d'âges dans les villes de plus de 30.000 habit. (rop. p. 10.000 de ch. groupe)									
de 0 à 1 an..............	149	39	4,4	299	60	6,1	441	88	8,3
de 1 à 19 ans............	1.221	305	1,6	1.846	369	1,8	1.893	379	1,8
de 20 à 39 ans...........	3.389	847	3,4	4.755	951	3,5	4.987	997	3,5
de 40 à 59 ans...........	11.277	2.819	19,1	14.815	2.963	18,6	15.474	3.095	18,3
de 60 ans et au-dessus	19.495	4.873	83,6	27.541	5.508	87,6	30.003	6.001	90,8

IV — Répartition par villes de plus de 30.000 habit. Moyennes annuelles et proportions pour 10.000 habit.

	PÉRIODE 1887-90		PÉRIODE 1891-95		PÉRIODE 1896-1900	
Moyenne générale annuelle ...	5,0 à 24,3		6,2 à 25,1		4,8 à 26,4	
Villes ayant présenté une moyenne supérieure à 17,9			Douai	19,6	Douai	18,3
	Amiens	19,0			Amiens	18,4
	Saint-Quentin	19,6			Saint-Quentin	18,4
	Rouen	19,7				
	Rennes	24,3	Rennes	23,1	Rennes	22,3
	Nantes	19,0	Nantes	18,9	Nantes	18,4
					Le Mans	18,0
	Boulogne-s-Seine	23,7	Boulogne-s-Seine	25,1	Boulogne-s-Seine	21,1
	Neuilly-s-Seine	18,1	Saint-Denis	18,3	Saint-Ouen	19,7
			Troyes	19,2	Troyes	19,5
	Besançon	23,4	Besançon	21,6	Besançon	22,9
	Dijon	18,6	Périgueux	24,1	Périgueux	23,1
	Clermont-Ferrand	19,5	Clermont-Ferrand	18,0	Clermont-Ferrand	22,5
			Roanne	22,5	Roanne	22,1
	Saint-Étienne	18,2	Saint-Étienne	20,1	Saint-Étienne	20,3
	Grenoble	19,9	Avignon	20,5	Avignon	26,4
	Cette	22,4	Cette	18,6	Montpellier	19,4
			Toulouse	22,2	Toulouse	23,7
	Pau	23,0	Pau	21,6	Pau	22,0
Villes ayant présenté une moyenne inférieure à 10,0	Tourcoing	9,3	Tourcoing	7,5	Tourcoing	7,6
	Galais	6,0			Roubaix	9,6
	Cherbourg	8,2			Cherbourg	9,3
	Lorient	9,2	Lorient	8,3	Brest	8,8
	Saint-Nazaire	9,1	Saint-Nazaire	7,5		
	Levallois-Perret	9,2				
	Rochefort	5,0	Rochefort	6,2	Rochefort	7,4
	Angoulême	8,5	Angoulême	9,7		
	Limoges	8,6				
	Montluçon	7,2	Montluçon	6,3	Montluçon	4,8
			Le Creusot	9,0		
	Nice	7,6	Nice	9,3	Nice	8,8
	Béziers	8,0	Toulon	9,7		

XIX

DÉCÈS DE 0 A 1 AN

DE 1896 A 1900

et comparaison avec les deux périodes précédentes.

NOMBRES ABSOLUS ET PROPORTIONNELS

Villes de plus de 30.000 habitants.

I. — RÉPARTITIONS MENSUELLES
 { **A.** — Total des décès.
 { **B.** — Décès par diarrhée, gastro-entérite.

II. — RÉSULTATS GÉNÉRAUX ET RÉCAPITULATIFS

DÉCÈS DE o A 1 AN DE 1896 A 1900

I. — RÉPARTITIONS MENSUELLES POUR L'ENSEMBLE DES VILLES DE PLUS DE 30.000 HABITANTS (Groupes I, II et III réunis).

PROPORTIONS POUR 1.000 ENFANTS DE 0 A 1 AN

A. — TOTAL DES DÉCÈS

MOIS	1896 Nombre.	1896 Proportion.	1897 Nombre.	1897 Proportion.	1898 Nombre.	1898 Proportion.	1899 Nombre.	1899 Proportion.	1900 Nombre.	1900 Proportion.
Janvier	1.852	17,93	2.148	20,54	2.102	19,86	1.793	16,74	1.973	18,20
Février	1.956	18,94	1.831	17,51	1.818	17,18	1.756	16,39	2.132	19,07
Mars	1.890	18,30	1.950	18,65	2.059	19,45	2.098	19,59	1.967	18,15
Avril	1.798	17,41	1.771	16,93	1.894	17,89	1.830	17,08	1.798	16,59
Mai	1.889	18,29	1.723	16,48	1.769	16,71	1.857	17,34	1.656	15,28
Juin	2.056	19,90	2.181	20,86	1.900	17,95	2.021	18,87	1.829	16,87
Juillet	3.444	33,34	3.345	31,09	2.356	22,26	3.004	28,04	3.565	32,89
Aout	2.840	27,49	3.428	32,78	4.665	44,08	3.921	36,60	3.283	30,29
Septembre	1.706	16,51	1.975	18,89	3.314	31,31	2.171	20,27	2.358	21,75
Octobre	1.428	13,82	1.547	14,79	2.049	19,36	1.520	14,19	2.047	18,89
Novembre	1.440	13,94	1.525	14,58	1.586	14,98	1.519	14,18	1.394	12,86
Décembre	1.840	17,81	1.799	17,20	1.744	16,48	1.990	18,58	1.574	14,52
Totaux	24.139	233,68	25.223	241,20	27.256	257,51	25.480	237,87	25.576	235,96

B. — DÉCÈS PAR DIARRHÉE, GASTRO-ENTÉRITE

MOIS	1896 Nombre.	1896 Proportion.	1897 Nombre.	1897 Proportion.	1898 Nombre.	1898 Proportion.	1899 Nombre.	1899 Proportion.	1900 Nombre.	1900 Proportion.
Janvier	394	3,81	449	4,29	431	4,07	414	3,86	410	3,78
Février	421	4,08	384	3,67	360	3,40	363	3,39	414	3,82
Mars	412	3,99	433	4,14	460	4,35	439	4,10	412	3,80
Avril	425	4,11	453	4,33	398	3,76	451	4,21	413	3,81
Mai	571	5,53	475	4,54	519	4,90	559	5,22	455	4,20
Juin	872	8,44	933	8,92	681	6,43	814	7,60	666	6,14
Juillet	2.072	20,06	2.122	20,29	1.085	10,25	1.792	16,73	2.188	20,19
Aout	1.696	16,42	2.261	21,62	3.214	30,37	2.660	24,83	2.226	20,54
Septembre	791	7,66	1.057	10,11	2.254	21,29	1.300	12,13	1.385	12,78
Octobre	541	5,24	617	5,90	1.012	9,56	624	5,83	999	9,22
Novembre	424	4,10	478	4,57	532	5,03	502	4,69	446	4,11
Décembre	423	4,09	460	4,40	457	4,32	450	4,20	355	3,27
Totaux	9.042	87,53	10.122	96,79	11.403	107,73	10.368	96,79	10.369	95,66

DÉCÈS DE 0 A 1 AN DE 1887 A 1900

DANS LES VILLES DE PLUS DE 30.000 HABITANTS

II. — RÉSULTATS GÉNÉRAUX ET RÉCAPITULATIFS PAR PÉRIODES

I. Nombre des enfants de 0 à 1 an d'après les recensements.

	1886	1891	1896	1901
I. Paris	27.438	30.146	31.736	34 731
II. Villes de 100.001 à 467.000 habit.	26.927	31.566	35.157	44 219
III. Villes de 30.001 à 100.000 habit.	29.802	35.421	36.404	45.436
Ensemble	84.167	97.133	103.297	124.388

II. Répartition des décès par groupes de villes.

	PÉRIODE 1887-90 (4 ans.)			PÉRIODE 1891-95 (5 ans.)			PÉRIODE 1896-1900 (5 ans.)		
	NOMBRES ABSOLUS Total.	Moyenne annuelle.	Proportion pour 1.000 enfants.	NOMBRES ABSOLUS Total.	Moyenne annuelle.	Proportion pour 1.000 enfants.	NOMBRES ABSOLUS Total.	Moyenne annuelle.	Proportion pour 1.000 enfants.
I. Paris	34.437	8.609	299,02	39.164	7.833	254,47	33.129	6.626	201,19
II. Villes de 100.001 à 467.000 habit.	41.026	10.256	350,67	50.162	10.032	309,13	49.077	9 815	276,10
III. Villes de 30.001 à 100.000 habit.	37.355	9.339	302,63	48.359	9.672	270,46	45.468	9.094	243,42
Ensemble	112.818	28.204	317,26	137.685	27.537	278,16	127.674	25.535	241,25
Proportions extrêmes	331,45 en 1887			292,98 en 1892			257,51 en 1898		
	295,39 en 1889			254,36 en 1894			233,68 en 1896		

III. Répartition des décès par causes.

	PÉRIODE 1887-90 Total.	Moyenne annuelle.	Proportion pour 1.000 enfants.	PÉRIODE 1891-95 Total.	Moyenne annuelle.	Proportion pour 1.000 enfants.	PÉRIODE 1896-1900 Total.	Moyenne annuelle.	Proportion pour 1.000 enfants.
Fièvre typhoïde	115	29	0,33	68	13	0,13	84	17	0,16
Diphtérie	1.757	439	4,94	1.247	249	2,51	512	102	0,96
Rougeole	3.451	863	9,71	2.849	570	5,76	2.599	520	4,91
Variole	1.037	259	2,91	771	154	1,55	428	86	0,81
Scarlatine	164	41	0,46	116	23	0,23	86	17	0,16
Coqueluche	2 001	500	5,62	2.226	445	4,49	1.949	390	3,68
Total	8.525	2.131	23,97	7.277	1.455	14,70	5.658	1.132	10,69
Tuberculose pulmonaire	648	162	1,82	879	176	1,78	784	157	1,48
Tuberculose autres	1.284	321	3,61	2.374	475	4,80	2.446	489	4,62
Bronchite chronique	598	149	1,68	519	104	1,05	303	79	0,75
Bronchite aiguë	7.297	1.824	20,52	8.333	1.666	16,84	6.468	1 295	12,23
Pneumonie	8.170	2.042	22,97	11.467	2.294	23,17	11 866	2.373	22,42
Cancer et autres tumeurs	60	15	0,17	84	17	0,17	45	9	0,08
Maladies organiques du cœur	149	39	0,44	299	60	0,61	441	88	0,83
Diarrhée, gastro-entérite	39.860	9.965	112,10	52.244	10.449	105,55	51.304	10.261	96,95

Proportion des décès par diarrhée, gastro-entérite pour 100 décès de toutes causes, de 0 à 1 an :

	PÉRIODE 1887-90	PÉRIODE 1891-95	PÉRIODE 1896-1900
	35,3 0/0	37,9 0/0	40,2 0/0
	1 sur 2,8	1 sur 2,7	1 sur 2 5

IV. Répartition par saisons.

		PÉRIODE 1887-90 Total.	Moyenne annuelle.	Proportion pour 1.000 enfants.	PÉRIODE 1891-95 Total.	Moyenne annuelle.	Proportion pour 1.000 enfants.	PÉRIODE 1896-1900 Total.	Moyenne annuelle.	Proportion pour 1.000 enfants.
Total des décès	Hiver (décembre, janvier, février) (*)	*24.601	6.658	74,89	32 366	6.473	65,39	28 353	5.671	53,58
	Printemps (mars, avril, mai)	27.179	6.795	76,44	32 316	6.463	65,29	27.94	5 590	52,81
	Été (juin, juillet, août)	33.292	8.323	93,62	42 881	8.576	86,63	43 83	8.768	82,84
	Automne (septembre, octobre, nov.)	25.500	6 375	71,71	30.749	6.150	62,12	27 579	5 516	52,11
Diarrhée, gastro-entérite	Hiver (décembre, janvier, février) (*)	*5.280	1.440	16,20	7.064	1.413	14,27	6.224	1.245	11,76
	Printemps (mars, avril, mai)	6.424	1 606	18,06	8.527	1.705	17,22	6 875	1.375	12,99
	Été (juin, juillet, août)	16.493	4.124	46,39	22 633	4.526	45,72	25 24	5.056	17,77
	Automne (septembre, octobre, nov.)	11.113	2.796	31,45	14.101	2.820	28,49	12.962	2 590	24,49

(*) Moins décembre 1886.

XX

MORTALITÉ GÉNÉRALE

SUIVANT LES PRINCIPALES CAUSES

DE 1886 A 1900 (15 ANS

TABLEAUX RÉCAPITULATIFS

lles de plus de 10.000 habitants.

I. — MORTALITÉ ANNUELLE DE 1886 A 1900

II. — RÉPARTITION PROPORTIONNELLE D'APRÈS LA MOYENNE DES CINQ
DERNIÈRES ANNÉES 1896 A 1900

I. — MORTALITÉ ANNUELLE SUIVANT LES PRINCIPALES CAUSES DE 1886 A 1900

POUR L'ENSEMBLE DES VILLES DE PLUS DE 10.000 HABITANTS

PROPORTIONS POUR 100.000 HABITANTS

CAUSES DES DÉCÈS	1886	1887	1888	1889	1890	1891	1892	1893	1894	1895	1896	1897	1898	1899	1900
Fièvre typhoïde	53	66	53	47	44	37	42	36	31	27	23	26	26	35	33
Diphtérie	54	63	63	61	60	54	51	51	38	48	17	12	12	14	14
Rougeole	33	64	38	35	59	31	23	38	27	17	28	23	23	23	20
Variole	36	30	38	17	13	16	15	11	10	10	10	1	1	6	15
Scarlatine	9	9	9	6	6	6	5	7	5	6	6	3	4	6	4
Coqueluche	19	16	15	16	17	15	11	14	13	12	10	9	12	12	7
Typhus	»	»	»	»	»	»	»	1	»	»	»	»	»	»	»
Phtisie pulmonaire	»	290	283	277	298	284	271	270	269	282	273	259	260	267	272
Méningite tuberculeuse	»	63	59	57	64	70	69	32	31	31	31	31	29	28	29
Autres tuberculoses								49	52	50	47	47	47	44	50
Bronchite chronique	»	94	91	88	111	103	95	91	82	85	70	68	69	67	72
Bronchite aiguë	»	68	72	70	81	69	67	63	53	59	45	43	44	42	41
Pneumonie, broncho-pneumonie	»	202	198	188	256	231	223	232	188	217	175	163	186	203	200
Cancer et autres tumeurs	»	76	83	85	91	94	92	97	98	100	100	103	103	104	105
Maladies organiques du cœur	»	136	137	132	139	141	141	142	138	145	141	141	144	144	149
Diarrhée, gastro-entérite	»	199	197	186	198	188	222	195	163	198	155	174	197	178	174
Choléra et maladies cholériformes							27	29	8	2	2	2	3	2	2
Fièvre et péritonite puerpérales	»	13	11	11	10	10	9	9	7	7	7	6	5	6	5
Autres affections puerpérales	»	6	6	5	6	5	6	5	4	4	4	4	3	3	3
Méningite simple	»	77	73	68	74	68	68	62	57	57	51	50	53	53	54
Ramollissement cérébral	»	33	30	30	30	31	29	32	28	29	28	29	29	28	28
Paralysie sans cause indiquée	»	29	29	28	29	31	29	27	25	26	25	25	26	25	26
Congestion et hémorragie cérébrales	»	128	127	126	128	129	125	125	123	126	121	119	122	127	125
Débilité congénitale	»	71	74	70	74	72	69	69	63	67	60	58	59	56	59
Sénilité	»	95	100	100	103	116	110	107	100	111	102	103	109	109	114
Suicides	»	27	26	26	27	29	29	28	31	28	27	28	27	25	24
Autres morts violentes	»	32	30	31	33	34	36	37	36	34	36	38	37	41	42
Autres causes	»	433	421	410	431	439	443	453	436	457	428	418	438	457	485
Causes inconnues	»	169	153	137	132	115	108	103	98	103	92	92	92	86	87
MORTALITÉ TOTALE	2.637	2.497	2.424	2.313	2.519	2.429	2.417	2.418	2.216	2.305	2.115	2.077	2.162	2.194	2.249

II. — RÉPARTITION PROPORTIONNELLE DES DÉCÈS [Mortalité générale.]

DANS LES VILLES DE PLUS DE 10.000 HABITANTS

D'APRÈS LA MOYENNE DES CINQ DERNIÈRES ANNÉES 1896 A 1900

Proportions pour 1.000 habitants.

Causes non relevées* 5,37

Mortalité totale: 21,64

Causes relevées 16,27

MALADIES ÉPIDÉMIQUES** 1,00

TUBERCULOSES 3,44

BRONCHITE.. { CHRONIQUE 0,69

AIGUE 0,43

PNEUMONIE ET BRONCHO-PNEUMONIE.. 1,88

CANCER ET TUMEURS 1,03

MALADIES ORGANIQUES DU CŒUR ... 1,44

DIARRHÉE, GASTRO-ENTÉRITE 1,76

MÉNINGITE SIMPLE............. 0,52

CONGESTION ET HÉMORRAGIE CÉRÉ-
BRALES, PARALYSIE SANS CAUSE
INDIQUÉE ET RAMOL. CÉRÉBRAL... 1,77

DÉBILITÉ CONGÉNITALE 0,58

SÉNILITÉ 1,08

SUICIDES ET AUTRES MORTS VIOLENTES 0,65

(*) Autres causes et causes inconnues.

(**) Cette rubrique comprend : fièvre typhoïde, diphtérie, rougeole, variole, scarlatine, coqueluche, fièvre et péritonite puerpérales, choléra
et maladies cholériformes.